JIAONI ZHANGKONG
ZIJI DE SHENGHUO

教你掌控自己的生活

罗婷婷 编著

光明日报出版社

图书在版编目（CIP）数据

教你掌控自己的生活 / 罗婷婷编著 . -- 北京：光明日报出版社，2012.1（2025.1 重印）

ISBN 978-7-5112-1878-0

Ⅰ . ①教… Ⅱ . ①罗… Ⅲ . ①人生哲学—通俗读物 Ⅳ . ① B821-49

中国国家版本馆 CIP 数据核字 (2011) 第 225282 号

教你掌控自己的生活

JIAONI ZHANGKONG ZIJI DE SHENGHUO

编　　著：罗婷婷			
责任编辑：李　娟		责任校对：文　朔	
封面设计：玥婷设计		封面印制：曹　净	

出版发行：光明日报出版社

地　　址：北京市西城区永安路 106 号，100050

电　　话：010-63169890（咨询），010-63131930（邮购）

传　　真：010-63131930

网　　址：http://book.gmw.cn

E - mail：gmrbcbs@gmw.cn

法律顾问：北京市兰台律师事务所龚柳方律师

印　　刷：三河市嵩川印刷有限公司

装　　订：三河市嵩川印刷有限公司

本书如有破损、缺页、装订错误，请与本社联系调换，电话：010-63131930

开　本：170mm × 240mm

字　数：205 千字　　　　　　　印　张：15

版　次：2012 年 1 月第 1 版　　　印　次：2025 年 1 月第 4 次印刷

书　号：ISBN 978-7-5112-1878-0

定　价：49.80 元

前　言

　　我们生活在一个复杂而忙碌的世界里，在这个世界里生活节奏日益加快，生活内容也随之不断变换。那么，在这种环境下，你有没有发现自己的生活不由自主地进入了困境：

　　没有时间去想生活中自己最想要的究竟是什么。

　　对自己的工作过于投入，经常把自己的工作带回家去做。

　　自己的金钱总是不知所踪，并且还被金钱"牵着鼻子走"。

　　无法平息你的家庭冲突，家庭危机时时袭来。

　　觉得周围的人际关系充满了虚伪和冷漠，在人群中找不到认同感和归属感。

　　总是为情感所累，在情感的困境里无法自拔。

　　很容易陷入一种习惯性的忧虑和沮丧情绪之中。

　　容易疲劳，免疫力下降，身体缺乏活力。

　　……

　　如果是这样，那么说明你的生活已经失控了。

　　当生活已不在你的掌控之下，你就会遇到许许多多的生活困扰。甚至，这些困扰还会恶性循环，阻碍以后事业人生的发展。因此，我们必须要做自己生活的主人，学会掌控自己的生活。

　　那么，该如何来掌控我们的生活？对生活的掌控应如何着手呢？本书主要从以下6个方面来进行阐明。

　　时间：时间是价值的体现，是生活平衡的反映。现代管理大师彼德·德鲁克曾有一句名言："不能管理时间，便一切也不能管理。"时间管理确实是人生管理、事业管理、自我管理的重大课题。有效掌控了你的时间就掌控了你人生成功的关键。

　　工作：工作远不只是从事某项职业，它还是我们快乐和幸福生活的源泉。

它关系到我们如何维持自己和家人的生活，如何表达自己的爱，如何发挥自己的作用以及如何塑造内心崇高而有创造力的自我。当你拥有了一份快乐而有价值的工作，你就会更多地拥有人生中的许多重大内容。

金钱：金钱是别人认为我们的时间和精力所具有的价值的具体体现，也是我们认为"可以购买东西"所具有的价值的具体体现。金钱是把双刃剑，它可以改善我们现在和将来的生活质量，也可以滋生罪恶，使我们铤而走险。我们只有成为金钱的主人，才能发挥它的积极作用，让它给我们的生活带来品质，令我们的人生更具有价值和意义。

情绪：在我们的生命中，情绪总是伴随我们的左右。它在我们的生活和事业中占据了举足轻重的地位。如果我们能恰当而有效地对其进行处理，那么它就可以为我们的生命增添色彩，给我们的生活带来快乐。如果处理不好，它就可能会成为我们的负担，破坏我们的生活，阻碍我们事业的发展。

人脉：一个人事业的成功，80%归因于与别人的相处，20%才是来自于自己的专业技能。人是群居动物，一个人的成功只能是来自于他所处的人群及所在的社会，只有在这个社会中游刃有余，才可为事业的成功开拓宽广的道路。没有一定的社会交际能力，没有一份好的人脉，就免不了处处碰壁，就不会拥有一个好生活。

家庭：家庭是个人幸福的根本要素，也是社会不断发展的根本要素。我们最重要的"成功"，是在家庭中取得的成功。一个温馨的家庭，不仅是你幸福生活的港湾，还是你成功事业的坚强后盾。只有掌控好了你的家庭，你的事业才会持续发展，你的生命价值才会不断提升，你的生活才会永远幸福甜蜜。

只有很好地驾驭了以上6个方面，才能实现对生活的掌控。而要达到对生活的完美掌控，就要实现生活的平衡、和谐与高效。让我们生活的各个方面都能处于一个平衡而又和谐的状态，并实现对它们的高效处理。

生活将会怎样，完全取决于我们自己。请不要只做生命之船的过客，而要做操纵方向的船长，学会掌控自己的生活，让生活平稳而积极地朝着我们选择的方向前进。

当你有效掌控了自己的生活后，生活才会变得轻松与惬意，人生也才会更有价值和意义。

目　录

第一章　时间：掌控时间的主动权

时间是价值的体现，是生活平衡的反映。我们可以随心所欲地高谈阔论，可以梦想，但最终决定我们与众不同的，是我们在每天的生活中做了什么以及没做什么。我们所做的以及没做的又往往取决于我们是否有效地利用了时间。想要有效地利用时间，首先要有效地掌控时间。掌控时间就像人掌控自己的肢体一样，要做到了如指掌，这样才能游刃有余地分配时间，支配时间。

第二章　工作：卓越人生的本质要求

　　工作远不只是从事某项职业。工作是高品质生活的根本性要素，关系到我们如何维持自己和家人的生活，如何表达自己的爱，如何发挥自己的作用以及如何塑造内心崇高而有创造力的自我。我们要积极而快乐地工作，致力于把自己打造成一位成功而卓越的工作者。同时也要实现工作和生活的平衡，在追求工作卓越之时保证高品质的生活，实现至高的人生意义。

第三章　金钱：做金钱的主人

金钱是别人认为我们的时间和精力所具有的价值的具体体现，也是我们认为"可以购买的东西"所具有的价值的具体体现。花钱就是用过去努力的成果或预支将来的时间作为交换，以改善我们自己和他人现在和将来的生活质量。我们要正确对待金钱，做金钱的主人，主动管理金钱、支配金钱，让金钱为不断提升我们的生活质量而服务。

第四章　情绪：做情绪的主宰者

情绪在我们的生活和事业中占据了举足轻重的地位。如果我们能正确地运用情绪，将会得到事半功倍的效果；如果无法控制它，就会导致事情走向不可挽回的地步。情绪就是一个典型的天使和魔鬼的结合体，倘若不能有效地运用和管理，你就永远不知道下一步它会给你带来什么。

第五章 人脉：开设你的人脉账户

一个人事业的成功，80%归因于与别人的相处，只有20%来自于自己的专业技能。人是群居动物，人的成功只能是来自于他所处的人群及所在的社会，只有在这个社会中游刃有余，才可为事业的成功开拓宽广的道路。没有一定的社会交际能力，没有一份好的人际关系，就免不了处处碰壁，就不会拥有一个好的生活。

第六章 家庭：幸福生活的港湾

家庭是个人幸福的根本要素，也是社会构成的根本要素。我们最重要的"成功"，是在家庭中取得的成功。好好经营一个温馨家庭，让它成为你幸福生活的港湾，成为你事业成功的坚强后盾。

尾声：学会享受你的生活

绪 论

你的生活失控了吗？

生活如同一部承载着你不断奔驰前行的列车，当它顺利前进时，你可以尽情欣赏窗外的美景，享受无穷的乐趣。但是一旦这部列车失去控制，不幸出轨，将会给你的人生带来种种的麻烦与苦痛。

在生活中，你有没有遇到过类似下述事例中的情况呢？

1. 过分地追求导致自己不堪重负

年轻的玛丽比较贪心，什么都追求最好的，拼了命想抓住每一个机会。有一段时间，她手上同时拥有 13 个广播节目，每天忙得昏天暗地。她形容自己："简直累得跟狗一样！"

事情都是双方面的，所谓有一利必有一弊，事业愈做愈大，相反压力也愈来愈大。到了后来，玛丽发觉拥有更多、更大不是乐趣，反而是一种沉重的负担。她的内心始终被一种强烈的不安全感笼罩着。

1995 年"灾难"发生了，她独资经营的传播公司被恶性倒账四五千万美元，交往了 7 年的男友和她分手……一连串的打击直奔她而来，在极度沮丧中，她甚至考虑到结束自己的生命。

2. 过于褊狭的生活方式让自己感觉厌倦

张凡是一位出色的律师，年纪轻轻就在法律界小有名气，刚毕业不久就成功地处理了几桩大案，才华显露。他对待工作兢兢业业，并尽可能地多接案件，为长久立足打基础。平常看起来他总是精神焕发，精力无穷，然而在一次和朋友共进晚餐的时候，他却显得非常憔悴，像换了一个人。他非常悲哀地对他的朋友说："工作，工作，我一直觉得成功胜于一切，那为什么我现在觉得这么厌倦。"

和张凡情况相似的是一个叫彼得的商人。他曾是一个成功的商人，在饮食界声名显赫，叱咤一时，可他的晚年却非常孤寂，丧失了对外界的热情。强烈的压倒他人的好胜心得到满足后，他好像再也找不到生活的乐趣了。这并不是时光的流逝，而是褊狭的生活方式让他生活的乐趣消失得无影无踪。

3. 不知道自己的生活真正需要什么

法国有个哲学家叫戴维斯。有一天，朋友送他一件质地精良、做工考究、图案高雅的酒红色睡袍，戴维斯非常喜欢。可他穿着华贵的睡袍在家里踱来踱去，越踱越觉得家具不是破旧不堪，就是风格不对，地毯的针脚也粗得吓人。慢慢地，旧物件挨个儿更新，书房终于跟上了睡袍的档次。戴维斯坐在帝王气十足的书房和睡袍里，可他却觉得很不舒服，因为"自己居然被一件睡袍胁迫了"。

4. 找不到事业和家庭的平衡点

欧仁和他的妻子王佳原来在一家国营单位供职，夫妻双方都有一份稳定的收入。每逢节假日，夫妻俩都会带着5岁的女儿小燕去游乐园打球，或者到博物馆去看展览，一家三口其乐融融。后来，经人介绍，欧仁跳槽去了一家外企公司，不久，在丈夫的动员下，王佳也离职去了一家外资企业。凭着出色的业绩，欧仁和王佳都成了各自公司的骨干力量。夫妻俩白天拼命工作，有时忙不过来还要把工作带回家，女儿只能被送到寄宿制幼儿园里。王佳觉得自从自己和丈夫跳到体面而又风光的外企之后，这个家就有点旅店的味道了。孩子一个星期回来一次，有时她要出差，就很难与孩子相见。也正是因为这样孩子对王佳的态度变得越来越冷漠，犹如陌生人一般，若即若离。一次，孩子跌伤了腿，她宁愿忍受着痛苦，一个人偷偷地关着门哭，也不接受王佳的安慰。这一切都让王佳感到十分地心酸，从此她陷入了迷惘、不安和痛苦之中。

我们不难看出，上面事例中的人们的生活已明显失控了，他们正在承受着这种失控生活带来的种种苦楚。

由此可见，我们每一个人都要善于把握自己的一切。当生活不在我们的掌控之中时，就会导致无尽的烦扰，甚至会导致最终所得的结果与当初的愿望适得其反，给我们的整个人生造成沉重的负面影响。

那么，我们的生活为什么会失控呢？

现代社会生活节奏日益加快，生活内容不断变换，使得人们时刻跟随节奏和内容的前进和转换，而无暇顾及生活的方方面面。堆积如山的工作，以及由于竞争而导致的工作不稳定性，致使人们感到犹如泰山压顶，不堪重负。随意而有害的饮食，以及失调的作息规律等不健康的生活方式，往往让人们体力不支，精神萎靡。人们的一些错误的认识观念，特别是对"得"错误理解，致使人们为了追逐所谓"得"而要无谓地失去许多……凡此种种都是导致我们生活失控的原因。

生活的失控不只是令你不快，更是一种不幸，当你的生活失去了控制，你的人生也会因此而陷入被动的局面。为了避免不幸，为了取得人生的主动，现在就来审视一下自己的生活，看看它是在你的掌控之中，还是失控了？

掌控生活，实现生活的平衡、和谐与高效

无论你的生活是否已失控，你都必须学会掌控你的生活，实现生活的平衡、和谐与高效。让生活的各个方面都能处于一个平衡而又和谐的状态，并实现对它们的高效处理。唯有如此，你的生活才能轻松惬意，你的人生才会充满价值和意义，你也才能享受真正的幸福与快乐。

在我们的整个人生当中，工作占据了很大部分，工作也成了一种重要的价值和意义的体现。但是，工作上，不管你是医生、律师、会计、出纳、司机，你扮演的只是职务的角色；而回到真实生活里，你要演的是自己，这个世界上有很多有趣、有意义的事，值得去发现、去探索、去研究，工作只是其中的一部分而已，我们千万不能因为只顾工作而失去生活，失去快乐，那样是得不偿失的。

世界上并不存在十全十美的工作，但富有意义的生活却掌握在我们每个人的手中。工作是工作，生活是生活，两者应该尽可能地区分开来。要做一个真正懂得生活之道的人，就要把握好生活的节奏，掌握住工作和生活的平衡。

完美掌控下的生活应是一种和谐的生活，和谐是生活平衡之上的一种高级状态，是人的一种美好的内心感受，是人对自己生命意义的一种快乐肯定。

1845年7月4日，为了追寻生命的意义，梭罗带着一把斧子走进森林，在那里生活了将近两年的时间。这种返璞归真的生活方式让他得以远离现代物质文明的侵扰，深入思考生命的本质，智慧的光芒像清晨的阳光一样照耀着他。他思索着，为世人留下了不朽的名著《瓦尔登湖》。他说："我来到森林，因为我想悠闲地生活，只面对现实生活的本质，并发掘生活意义之所在。我不想当死亡降临的时候，才发现我从未享受过生活的乐趣。我要充分享受人生，吮吸生活的全部滋养。"

沃德是一位法国人，他独自生活在法国东南部一块荒凉的土地上。他每

天的生活很简单：到户外去种树。一年又一年，他不辞辛劳，就这样一粒粒地播种、栽树。树开始长成森林，保存住了土壤里的水分，于是其他的植物也能够生长了，鸟儿们可以在这儿筑巢了，小溪可以流淌了，这儿又成了适合人类居住的绿洲。临终前，他用自己的辛勤劳作，完全改变和恢复了整个地区的自然环境。原来逃离那儿的人，又重新搬了回来，幸福地生活在这片土地上。

梭罗和沃德所做的正是为了寻求和谐生活的真正意义。脱离复杂的外部世界，他们让自己置身于一种最和谐、最平衡、最自然的生活中，在大自然的启发下，在宁静的湖光山色中，他们发现了很多原来未曾发现的生命的秘密。其实，对于生活在喧闹都市中的现代人来说，他们俩所追求的这种和谐也很值得我们去向往和尝试。因为它可以把我们带到一个与世界绝大部分似乎正在前进的方向截然相反的方向：远离炫耀浮华、利禄功名，追求一种更安宁、谦逊、坦诚的生活。在这种生活中我们能够更强烈地感受到生活的真正意义与乐趣。

完美掌控生活还要实现对生活的高效处理。高效率的生活不仅能让你收获更多，还能让你更好地实现生活各方面的平衡。

阿尔伯特是美国一位著名的演说家及作家，他每天都要乘飞机或者火车到世界各地去采访、演讲。

有一次他应邀到日本去演讲，搭乘大阪至东京的新干线，在快到新横滨时，由于铁路的转辙器出现故障，被迫停驶。车长在车内广播："各位旅客，对不起，由于铁路临时发生故障，需暂停 20 分钟左右，请各位旅客稍候，谢谢！"阿尔伯特是个急性子的人，刚开始有点烦躁不安，列车停留 20 分钟，对于一个注重效率、珍惜时间的人来说无疑是一个十分惨痛的损失。

但是 20 分钟过去了，30 分钟也将过去了，列车也没有一点要发动的迹象，正当他愈来愈焦躁不安时，车内又再度广播："各位旅客很抱歉，请再稍候一会儿。"故障修理大概很费工夫吧！然而就在这瞬间，他改变了惯常的想法，心想，焦躁也无济于事，不如找些别的事做。

阿尔伯特在看完手边的周刊杂志和书后，就去拿备置的《时事周刊》开始阅读。车内的乘客，大概有很多也是事务繁忙的人，他们焦躁地到处走动，不时向车长询问一些事情。阿尔伯特回忆这次特别的经历说：

"电车由原先预定的延迟时间 20 分钟，变成 1 小时、2 小时，最后慢了 3 小时，因此抵达东京时，我几乎看完了那本报道前卡特总统全貌的《时事周刊》。假如火车准时到达东京，或许我就无法获得有关前卡特总统的详细知识。而且，假设我又是位没有'游戏'和'从容'心态的人，这3小时，除了焦躁不安、不断抽烟外，就没有什么事好做了。"

阿尔伯特是现代效率社会的佼佼者，这一点从他蒸蒸日上的事业和忙碌的身影就可以看得出来。然而自从他有了这次列车上的经历之后，他获得了一项重要的启示：一个人要及时地从社会以及身边的人一起营造的追求效率的氛围中走出来，以一种从容和游戏的心情来面对自己的生活，不要时刻都让效率之弦绷得太紧，否则就容易为自己带来过多的压力和挫败感，从而使自己背负重重的包袱，感受不到丝毫的轻松快乐。

你的生活状态如何完全取决你能否有效地掌控生活，当你的生活处于一种平衡、和谐与高效状态之时，你就会享受到更多的生活快乐，你的生命也会更加充满色彩和意义！

第一章
时间：掌控时间的主动权

  时间是价值的体现，是生活平衡的反映。我们可以随心所欲地高谈阔论，可以梦想，但最终决定我们与众不同的，是我们在每天的生活中做了什么以及没做什么。我们所做的以及没做的又往往取决于我们是否有致地利用了时间。想要有致地利用时间，首先要有致地掌控时间。掌控时间就像掌控自己的肢体一样，要做到了如指掌、这样才能游刃有余地分配时间，支配时间。

第一节　时间是什么

时间是什么

要给时间下一个本质的定义并非一件简单的事。但许多伟人的行动已告诉了我们：时间是成功赖以生存的土壤，是验证我们智慧和毅力的试金石。

时间是什么？或许你对这个问题感到茫然，正如1500年前北非希波的一位大主教奥古斯丁所说："至于时间是什么，如果没有人问我，我还明白；如果我想给问我的人讲清楚，我反而不明白了。"

的确，要给时间下一个本质的定义并非一件简单的事。

世界上许多卓有成就的人都有着他们独特而不同凡响的时间观。这种时间观引领着他们不断前进，并走向人生辉煌。

杰克·韦尔奇曾说："我的产业这样美、这样广、这样宽，时间是我的财产，我的田地是时间。"

格鲁夫认为："在所有的批判家中，最伟大、最正确、最天才的是时间。"

富兰克林的名言是："时间就是生命，时间就是速度，时间就是力量。"

因而，他们惜时如金，"一寸光阴一寸金，寸金难买寸光阴"，就是他们的时间观。

爱迪生在隆重的婚礼仪式上因突然想起一种解决自动电报问题的办法，竟撇下新娘和宾客直奔实验室；福楼拜为了写出流芳百世的文学精品，经常整夜不眠，致使塞纳河上的渔夫和轮船船长们都习惯地把那整夜通明的窗口作为前进的灯塔……

这些伟人的行动告诉我们：时间是成功赖以生存的土壤，是验证我们智慧和毅力的试金石。世界正处在一个社会大变革的伟大时代，随着新技术革命的兴起，人们不断地变革着自己旧的生活方式，也不可避免地变革着旧的时间观念。越来越多的人从自己的切身感受中认识了时间的价值。为了有效地利用自己的时间，更加高效率地做事，人们在时间观上要率先来个根本变革。这绝不是个人意志的产物，而是经济和社会发展的必然。

现实生活中的许多人在日复一日、年复一年地浪费时间，却丝毫不感到可惜。其原因是他们不懂得时间的价值，不了解时间是人类最宝贵的财富。一切节约归根结底都是时间的节省，时间便是人们个人能力发展的地盘。"时间就是金钱"讲的正是这个道理。尤其是在现代化建设突飞猛进向前发展、世界新技术革命日新月异的年代，时间显得尤其重要。

在今天这个社会高速发展的时代，"时间就是金钱，效率就是生命"已成为人尽皆知的名言。而效率的高低，又是和时间的节约密不可分的。争取了时间，就能创造更多的价值，获得更高的效益。因此，讲求效率，实际上反映的是人们对时间更加重视。不讲究时间和效率的社会，只能是死气沉沉的社会。消沉、懒惰、贪闲，会使一个民族退化甚至消亡！因此，珍惜时间应该成为人们必备的高度价值观的重要标记。

在时间上的获取，人人都是均等的。时间对每个人的赠予都是均等的，但对时间的感觉每个人往往不一样。根据一个人的时间观念，可以大体评价他（她）的工作效率怎样，以此来评价他（她）是不是在有效地利用时间。

每个人的时间感和成就欲决定了他的时间观念。时间感是人们对时间的各种感觉，或快或慢，或白天或黑夜。成就欲是人们想获得成就的欲望，它驱使人们获取某种成就，经过百折不挠的努力，克服重重障碍，达到目的。成就欲的满足，不但在于获得成就后所享受的物质上和精神上的满足，而且在于为取得成就而奋斗的整个过程。

人必须有较高的成就欲。只有这样，他才会制定出一个高标准，努力去做不易做成而又值得做的事情。为了他的目标，可以辛勤努力地工作，不畏惧困难，敢于冒险。

一个人具有什么样的时间观念还取决于他的果断性。果断性，即人们决定问题、办事情干脆利落，这是每一位管理者都必备的素质。在工作中，一些人对问题一拖再拖，一直拖到不能解决为止。他们往往把时间看成是静止不动，而不是"飞行中的小鸟"，致使问题堆积如山，遇事不果断，该拍板的不拍板，不必要地花费大量时间，给工作带来严重损失。

杜拉克指出，做事具有高效率的人，未必是所谓聪明的人，也未必是知识渊博的人。一个人办事的效率不一定与一个人的聪明才智画等号。那么，如何才能提高效率呢？他还指出：提高效率是可以学习的。提高工作的效率可以从学习中得来，其思想是把办事讲求效率当成一种日常要求和习惯，其方法就是讲究时间运筹，那么，你就会逐渐提高你的工作效率。

读懂你的时间

要真正明白"时间是什么"这个问题，你还必须读懂时间。你至少要明白，时间比任何东西都值钱。一切的节约，归根到底都是时间的节约。时间既公平又偏私，时间无限而又有限，延长时间就是延长生命。

1. 时间比任何东西都值钱

时间不够用，往往是现代人，尤其是成功创业者面临的最大挑战。美国的一份调查报告中指出，至少有1/3的美国家庭属于"忙碌家庭"，时间不够用是大多数家庭所共同面临的巨大困境。

然而，为什么时间会不够用呢？我们来看一看生活中的每一个角落吧！

在每一个十字路口，红灯方向的车辆排成了一条长龙；在每一辆公共汽车站前，都有一大群翘首远望的等车族；在商场的收银机前，都有排成1米以上长的队伍等着结账；在每家银行服务台前，都有等得不耐烦的长队人群，但又都不得不等下去……

在我们的生活中，处处都存在吞噬我们时间的陷阱。虽然我们越来越注重时间，比过去更会安排时间，而且也发明了一些节省时间的产品，比如方便面、速冻食品、速溶咖啡、洗衣机、洗碗机，等等，但是我们仍然处在一个时间不够用的时代。

处于这样一个时间如此"紧俏"的时代，企业也好，个人也好，必然要考虑的问题是：

怎样才能每天用较少的时间完成较多的工作？

怎样才能创造自我提升的机会？

怎样才能增加空闲的时间和娱乐的时间？

怎样才能增加收入和提高工作效率？

……

时间之所以如此珍贵，还在于时间本身的特点，它具有单向性，只向前走，不向后移。因此时间让人感到无法挽救，只要是已过去的一分钟，就绝不会再回来。

我们不可能像储蓄一样，把空白的时间储存起来，留待急迫时再用，而是只能公平地享受时间老人赐予我们的一天 24 小时。我们所得到的时间仅仅是当时，也就是今天的此时此刻，而对于这一刻的前一秒和后一秒，都不能由我们支配。如果虚度了此刻，那么此刻的时间就永远也不会再回来。

因此，我们必须牢记，虚度了"今天"的这一天，那么这一天就永远消失了。所谓"今天"的这一天，就是昨天我们想要安排做各种事情的"明天"。

2.时间既公平又偏私

英国学者赫胥黎说："时间最不偏私，给任何人都是 24 小时；时间也最偏私，给任何人都不是 24 小时。"不管你是王公贵族还是奴仆乞丐，不管你是工人、农民，还是学者、艺人，每天不都是"24 小时"吗？为什么又说"不是 24 小时"呢？这是因为"24 小时"的量是一样多，但是"24 小时"的质却大不相同。谁勤奋，谁就能够在相同的"24 小时"之内学到知识、掌握技术、获得智慧；懒散者的"24 小时"就会白白度过，一无所获。

现实生活中，许多人的时间是等量而不等质的。也就是说，在相同的时间内，不同的人会有不同的收获。许多人在同样的环境里生活了二三十年，有的人成了政治家、思想家、文学艺术家、科学家，或杰出的企业家；有的领导革命成功；有的做出了发明创造，获得丰硕成果。而那些不珍惜时间的人，都被时间老人所鄙薄、所抛弃，终生碌碌无为。

科学社会主义创始人马克思 23 岁就成了德国有名的哲学家。一位青年黑格尔派的政论家向朋友们介绍马克思时说："他既有深思熟虑、冷静、严肃的态度，又有最敏锐的机智。设想一下，如果把卢梭、伏尔泰、费尔巴哈、莱辛、海涅和黑格尔结合为一人——我说的是结合，不是凑合——那么结果就是一个马克思博士。"马克思 30 岁以前，在哲学领域里就已经取得了丰硕成果。

我们翻开科学史就会发现，那些获得重大发明创造的人，多数人都是在青年时期。经过对 701 名发明家进行了研究发现，这些人的首次发明的平均年龄为 21.3 岁；他们之中 76.6%的人在 35 岁以前就获得第一项专利，平均年龄为 29.8 岁。

发明大王爱迪生 21 岁时就发明了表决机，取得第一项发明权；29 岁发明了留声机；32 岁发明了灯泡。爱迪生做起发明创造来废寝忘食，他研制电灯泡那段时间常常是夜以继日几十个小时不停地工作。爱迪生一生在专利局登记的发明创造有 1328 种，仅在 1882 年，他申请立案的专利就达 141 种之多，这一年平均两天半他就有一项发明问世。爱迪生从 21 岁获专利时起，到 84

岁去世，在 63 年中平均每年有 21 项发明。爱迪生一年的时间相当于平常人多少年，简直无法换算。

高尔基曾热情地鼓励年轻人说："要爱惜自己的青春！世界上没有什么再比青春更美好的了，再比青春更珍贵的了！青春就像黄金，你想做什么，就能做什么。"其中的奥秘就是不荒废时间，勤奋好学。

那么，是不是时间老人特别钟爱、偏私于青年人呢？其实，并不是这样。我们的中老年人只要勤奋好学，同样也能得到时间老人给予的丰厚报偿。

只要你肯学习，年届古稀也不晚。孔夫子说得好："朝闻道，夕死可矣。"古代年岁大才开始发愤学习的人也很多。比如有名的苏老泉——苏洵，27 岁才开始立志读书，42 岁时与两个儿子——苏轼、苏辙同时进京应试，同登进士甲科。"唐宋散文八大家"是两个朝代 700 年中筛选出来的散文界的精英人物，他们父子三人全列其中，留下千古佳话。

3. 时间无限而又有限

时间和空间，是物质运动存在的形式。

我国汉代伟大科学家张衡在他的天文学名著《灵宪》中就已指出："宇之表无限，宙之端无穷。""宇"指的是空间，"宙"指的是时间。

宇宙，在空间上是无边无际的。

宇宙，在时间上是无始无终、无头无尾的，我们既不知道时间长河从哪里来，也不知道它要流到哪里去。正如恩格斯指出的：时间上的永恒性，空间上的无限性，本来就是。而且按简单的字义也是：没有一个方向是有终点的，不论是向前或向后，向上或向下，向左或向右。

时间却又是有限的。无限的时间长河是由有限的秒、分、时、日、月、年构成的。时间长河中的任何一段都是有限的，时间长河中的任何事物都是有始有终的。任何一个人、任何一代人的生命存在都是有限的，在历史长河中都是微不足道的一瞬。漫长的人生实际上是短暂的。

人，只有一次生命，就是那么几十年光阴。人在世上，每过一天，就向生命的终结处、永久的安息地——坟墓前进了一步。正如法国作家大仲马所说："生命是什么？是在死神的候见室里的短暂逗留而已。"

"今日非昨日，明日还复来。""昨是儿童今是翁，人间日月急如风。""人生直作百岁翁，亦是万古一瞬中。"——这是中国古代诗人对于宇宙无穷、人生有限的感叹。

"痴心长绳系日。""人生太短暂了，事情是这样的多，能不兼程前进吗？""时间有限，不只由于人生短促，更由于人事纷繁。我们应该力求把我们所有的时间用来做最有益的事情。""你热爱生命吗？那么别浪费时间，因为时间是组成生命的材料。"——这是中外杰出人物由深感人生匆匆、时间短暂而引发的必须珍惜生命、充分利用时间的警世之言。

人生是有限的，但有限的生命存在，在不同的人身上，既可以是"有限就是无限"，随着肉体的消亡，一切烟消云散；也可以"有限变成无限"，虽然生命结束了，但生命所铸造的辉煌随着时间长河的流逝，流经千秋万代，闪耀在子子孙孙的身上和心中。

怎样才能"化短暂为永久"、"变有限为无限"呢？中外各行各业优秀人才的人生经历为我们做出了明确的回答：把自己的全部时间、智慧、精力投入到无限的为人类的进步而奋斗的崇高事业中。

4. 延长时间就是延长生命

人们常说生命最宝贵，但是仔细分析一下，就会发现，人最宝贵的其实是时间。因为生命是一分一秒的时间累积起来的。时间就是宝贵的生命。

时间的宝贵，在于它既是一个公平地分配给每个人的常数，又是一个变数。对待它的态度不同，获得的价值也就有天壤之别。时间就像在冥冥中操纵一切的神灵，它绝不会辜负珍惜它的人。时间给予珍惜它的人的回报是丰厚的，时间对浪费他的人的报复是无情的。

有人曾这样设想：我愿意站在路边，像乞丐一样，向每一位路人乞讨他们不用的时间。愿望是美好的，如果真能乞讨到时间，相信所有人都会甘做这样的"乞丐"的。

然而，懒惰的人把许多宝贵的时间都给浪费掉了，每日得过且过，虚度着自己的年华。只有勤奋的人、办事讲求效率的人、懂得科学支配时间的人，才可以把一天24小时变成25小时，甚至更多。

时间是乞讨不来的，时间只会提醒你切莫在生活的沙滩上搁浅，激励你不断开拓前进。对于珍爱时间的人，时间则给予热情的报答；对于奋力赶超的人，时间将无私地帮助他超越岁月。可是，对于轻视时间的人，时间会嗤之以鼻，把他抛至脑后；对于挥霍时间的人，时间则一笑而过，使他一无所得；对于遗弃时间的人，时间将愤然离去，使他追悔莫及；而对于戏弄时间的人，时间就毫不留情，给予他苦果一枚。

时间是人生最宝贵的财富

时间是人生最宝贵的财富。对于抢占阵地的士兵来说，时间便是生命；对于精明能干的商人来说，时间就是金钱；对于你来说，时间便是你创造财富的机会。

著名数学家华罗庚曾说："凡是较为有成就的科学工作者，毫无例外都是利用时间的能手，也都是决心在大量时间中投入大量劳动的人。"鲁迅说："我把别人喝咖啡的时间都用来写作。"奥斯特洛夫斯基借保尔的话说："当我们回首往事，不因虚度年华而懊悔。"人人都有相同的时间，你珍惜它，它就是财富；你忽略它，它便一钱不值，同时也使你一事无成。

成功人士之所以能取得成功，就因为他们在 24 小时当中跟我们做了不一样的事情。如果你想要成功，就必须把时间管理做得更好，必须提升做事的效率。

时间管理是一门缜密、严谨的科学，它的目的是让你拥有快乐而现实的成功人生，让你更有效的利用时间、节省时间。

时间是人生最宝贵的财富。对于抢占阵地的士兵来说，时间便是生命；对于精明能干的商人来说，时间就是金钱；对于你来说，时间便是你创造财富的机会。

社会在不断进步，时间的价值也随之以十倍速乃至百倍速增长。时间的增值效应在经济领域体现得最为明显。因为，在这个领域，赚钱以秒来计算，人们分秒必争地捕捉着瞬息万变的商业信息。

美国沃尔玛零售连锁商店建立起来之后，萨姆·沃尔顿就采用先进的信息技术为其高效的分销系统提供服务。公司总部有一台高速电脑，同 20 个发货中心及上千家商店链接，通过商店付款柜台扫描器售出的每一件商品，都会自动记入电脑。当某一商品数量降低到一定程度时，电脑在一秒钟内就会发出信号，向总部要求进货。总部电脑接到信号，在几秒钟内调出货源档案提示员工，让他们将货物送往距离商店最近的分销中心，再由分销中心的电脑安排发送时间和路线。这一高效的自动化控制使沃尔玛公司在第一时间内能够全面掌握销售情况，合理安排进货结构，及时补充库存的不足，降低存货成本，从而大大减少了资本成本和库存费用。

另外，萨姆·沃尔顿还在沃尔玛建立了一套卫星交互式通讯系统。凭借这套系统，沃尔顿能与所有商店的分销系统进行通讯联系。如果有什么重要或紧急的事情需要与商店和分销系统交流，沃尔顿就会走进他的演播室并打开卫星传输设备，在最短的时间内把消息送到那里。这一系统花掉了沃尔顿7亿元，是世界上最大的民用数据库。沃尔顿认为卫星系统的建立是完全值得的，他说："它节约了时间，成为我们的另一项重要竞争。"正是因为这些有效的时间管理机制，才使得沃尔玛取得了如此非凡的成就。

著名哲学家费尔巴哈曾这样认为："在空间中部分小于整体，相反，在时间中，至少在主观上部分大于整体。因为在时间中只有部分是现实的，而整体只是想象的对象，现实的一秒钟，对我们来说是比想象的十年更大、更长的一段时间。"如果说，以分来计算时间的人比用小时来计算时间的人，时间多59倍的话，那么以秒来计算时间的人则比用分来计算时间的人又多59倍。而当今时代的发展已经到了用秒来计算的时代。假如你在你的时间管理机制中对这些没有足够的认识，那么，你将面临更多的困扰，你将无法全身心地投入你的工作中。

学会管理你的时间，让你的每一分每一秒都用得有价值吧！这样，你的时间才会为你创造更多的价值，争取到更多的利益。

竞争时代的时间

在竞争时代，时间意味着你所能得到的一切。它意味着你要占有的市场，意味着你要争取的客户，意味着你要打造的精品，意味着你手中的饭碗，意味着你要接受的挑战。

时代在不断地进步与发展，直至今天，竞争已经涵盖了我们的整个世界。当今，无论是小个体的个人，还是大个体的企业，都置身于这场激烈的竞争之中。市场之争实际上就是时机之争、时速之争、时效之争，就是一场时不我待的殊死的时间之战。那么，竞争时代的时间究竟意味着什么呢？

1. 时间就是你要占有的市场

你知道为什么有家办公室的墙上挂16个钟吗？

一家国际品牌企业，它的各个对外业务部门办公室的墙上都挂着16个钟。它们的业务遍及16个国家，这16个钟分别是这16个国家当地的时间。

16个钟一字挂在墙上最显眼的地方，威严而凝重。它们挂在那里，可以提醒每个人及时处理电话，回复传真，也就是说美国的白天是日本的晚上，美国密歇根州的上午10点，在比利时已是下午4点，如果不在两个小时内将事情办妥，顾客要得到消息恐怕就要到第二天了。

这16只钟就是要提醒大家：

（1）不要把内地、外地、国内、国际界定得那么清楚。时代发展到今天，竞争已涵盖了全世界，这种竞争已不仅是优与劣的竞争，同时还有快与慢的竞争。如果你输在慢上，恐怕无人能够原谅你，包括你自己。

（2）尽快处理案头的工作。不要让公司的业务滞留在自己手上，因为许多时候，一个人的做派可以代表一个公司，一件事情的处理方式也可能改变客户对一个公司的整体看法。作为一名员工，为自己作一个基本定位是十分必要的，这个基本定位就是永不因自己的过失带给公司污点，哪怕这个污点细小如针尖。

（3）淡化工作时间上的界线感。不要把上班与下班时间切割得泾渭分明。曾有过一个测试，在"老板最痛恨的员工"中，"看着手表计算下班时间"的员工名列痛恨之首。一天中提早15分钟到办公室，抽支烟或补补妆，再整理整理桌面，这些看来虽小的事情会让你觉得一天都过得从容；晚上下班时晚走15分钟，将手头的事情处理干净，检视一下办公室是否还有未妥之事，比如冷气机、日光灯等，这会使你更胜出一筹。

（4）许多事情是怎么错过最后时限终归失败的？每天拖一点，最后就误事了。

2. 时间就是你要争取的客户

你不可能知道什么时候会有事情突然发生，也不可能知道什么时候必须做紧急决定，所以唯一能够应对的办法就是在上班时间100%地守卫你的岗位，守卫你的工作，守卫你的职责。

你知道上班时间一顿餐值多少钱吗？

汤姆是英国一家酒店的房务接待。一个阴雨绵绵的早晨，酒店里的一切都显得格外的沉寂，就连电话也比平日少了许多。

汤姆把前一天的几份订单存底重新装订入册，然后又回复了两份传真。做这两件事只用了不到10分钟时间，最后汤姆坐下，心想可不可以利用这个时间下去吃份早餐，早晨上班时他走得匆忙，只在手提袋里装了两杯柳橙。

他犹豫了一会儿，还是起身离开了接待室。

15分钟后，汤姆返回，一切一如既往。

他不知道一桩 80 万美元的生意就在他离开的时间里，就在铃响两次无人接听后旁落他人之手。两个月后，美国一家国际公司为期 15 天的销售年会在英国的另一家酒店召开。这家酒店无论从设施还是口碑上都无法与汤姆所在的酒店相提并论，但那半个月规模盛大的年会以及来自世界各地的客人却使那家酒店一时间变得辉煌而闻名起来。

客人依据什么选择了那家酒店？在做出决定之前有没有进行过选择？他们进行了怎样的选择？面对这些疑问，汤姆所在酒店的老板不能释怀，事后经过多方了解才知道，那家国际公司在英国曾选出 3 家酒店作为备选，汤姆所在的酒店因两次电话铃响均无人接听而第一轮便被淘汰出局。

知道事情原委后，汤姆难过不已，为了严明公司制度，老板将这位已工作了近 7 个年头的员工做了辞退处理。

因为有了第一次的愉快合作，美国公司的年会一连在那家酒店开了 4 届。

这件事情告诫所有职场人士，你不可能知道什么时候会有事情突然发生，也不可能知道什么时候必须做紧急决定，所以，唯一能够应对的办法就是在上班时间，100%地守卫你的岗位，守卫你的工作，守卫你的职责。

3. 时间是你获取成功的保证

留意并真正用些时间关注公司、老板乃至同事的反映，这是一个职场人士通向成功的重要特质之一。如果说成功有秘诀的话，那就是在被需要的时机出现在被需要的地方。

当公司遭遇突发困难时，你会在哪里呢？

如果公司的日光灯管坏了，你会怎么做？如果电话出现故障了，你会马上主动去考虑修复吗？如果是自己的呢？你知道在这些寻常小事务上花点时间是何等重要吗？

如果只是一名同事的电话呢？

一次，一名秘书向公司行政主管劳伦反映，女卫生间的马桶座因为螺丝脱落突然变得松动了，劳伦回答说他尽快安排人将它修好。

劳伦按照一般程序，打电话给维修部人员去处理。

可十几天后有人反映马桶座还未修好，劳伦没再说什么，立刻动身到工程部取来工具，在敲过门确定里边没人后，他走了进去，蹲下来，穿着一身笔挺的三件套西服，趴下来动手修理马桶座，他决定不再等，决定此时就把这个问题处理掉。

西装笔挺的财务主管自己动手修理马桶，强有力地传达了这样一个信息：

当公司遇到突发性困难时，无论这个困难是否对你有切身影响，都应该立刻当成自己的事情去处理，手头事情太忙和穿着不合时宜的衣服都不能成为推脱的借口。

每个人每天都会遇到几个可以改善自己的机会，差别只是你留意到了没有，如果留意到了，你是否采取行动。

当公司遇到突发困难时你会在哪里？这个问题有的人恐怕每天会暗问自己，有的人恐怕一生都想不起一次，这便是一切差异的缘由——在竞争时代的任何一个时间里，抓住任何一个可用的时机。

第二节　掌控了时间就掌控了生活

别做时间的奴隶，做时间的主人

要想有效地掌控时间，就必须先放松自己，不让自己被时间所约束。这样，才能使自己在善用时间的过程中，争得主动权，成为时间的主人。

如果你想要有效地利用时间，首先就要有效地掌控时间；而要有效地掌控时间，就要时刻处于主动地位，对时间的分配有绝对的主动权。

这里所要强调的是"有效"，而不是要求"效率"，并不是要求你成为一个时间的管理者。因为有 3 种人是不会受欢迎的：一是过度重视计划表的人；二是工作过度的人；还有，就是被时间捉弄的人。

过于重视计划表的人，往往忽视实际情况，只忙于制定工作计划表。有时候为完成一项工作，做计划的时间甚至比工作的时间还要长。例如委托他们完成一项工作，他们都要反复斟酌事情的可行性，仔细地研究每个细节，并制定出非常详细的计划表。在工作之前，他们的注意力都集中在制订计划表上，而不管工作的实际进展如何。所以，当事情有了变化时，他们往往还沉浸于美妙的计划中。

工作过度的人，每天都看到他们忙碌的身影，却不知道他们到底在忙什么，完成了什么。有时他们会以工作忙碌为由，而任意指派别人。当你为他们提供一些节省时间的方法时，他们也会推脱太忙，没时间听。这类人工作往往没有方向，只是一个劲儿地蛮干，没有片刻的休息。他们的作为不但不利于自己，还很容易惹人嫌恶。

被时间捉弄的人是最可悲的，他们往往十分守时，为了争取时间，凡事都急急忙忙，也不允许别人有片刻的休息。他们可能为了节省时间而改吃速食，也可能因为浪费了一分钟时间而大发雷霆。这类人常常是不容易相处的人。

不论是体力劳动还是脑力劳动，都必须有张有弛，有劳有逸。俗话说：过犹不及，物极必反。弓拉得过满，弦必然绷断。人的身体，长期处于过分紧张的状态，必然有害于健康，严重者还会导致英年早逝。

杜勃罗留波夫是俄国著名的文艺理论家，是一位才华横溢而且又十分勤奋的青年学者。在他很小的时候，他就暗下决心，立志成才。他在少年时代最渴望的事情就是能够读遍天下所有的书籍。他曾在他的一篇文章中这么写道：啊！我是多么希望拥有这样的才能，在一天之中把这个图书馆的书都读完。啊！我是多么希望具有非凡的记忆力，使一切我所读过的东西，终生都不遗忘。啊！我是多么希望拥有这样的财富，能够替自己买下世界所有的书籍。啊！我是多么希望赋有这样巨大的智慧，能把书本中所写的一切东西都传给别人。啊！我是多么希望自己也能变成这样聪明，使我也能写出同样的作品……

确实，杜勃罗留波夫是一个非常有毅力的人，他不只是这样想的，而且也是这样做的。他读书真是到了分秒必争的忘我境地。同样是13岁，也许别人正蹲在地上玩五子棋，可是杜勃罗留波夫却在一年里就读了410种书。他从20岁到25岁一共写了100多篇内容丰富而且深刻，战斗性、艺术性都很强的论文。

遗憾的是，由于长期过分紧张的体力和脑力消耗，年轻的杜勃罗留波夫，还没来得及实现更大的愿望，在仅仅25岁时就英年早逝了。

试想，如果杜勃罗留波夫能够合理支配自己的时间，在学习、写作和生活中只要稍稍注意劳逸结合，在勤奋学习、写作的同时，注意必要的休息和坚持适当锻炼，那么，他辉煌的生命篇章就不会很快画上句号，他对人类的贡献也一定会超越现在。

有位名人曾经说过：不懂得休息的人就不懂得学习和工作。为了避免沦为时间的奴隶，为了使学习、工作能够在紧张而有节奏的氛围下顺利进行，为了避免或减少时间与精力方面的不必要的消耗，管理者应该科学地支配自己的每一天时间，保证每天除学习或工作外，都有充足的睡眠、活动、休息的时间。其实这样做的目的正是为了更好地学习和工作。

柳比歇夫是俄国著名的生物学家。他在主动安排时间，重视时间运筹等方面很值得我们学习。

早在青年时期，他就开始对自己实行时间统计法，即把每天的所有活动，包括读书、写作、休息、实验、活动、睡眠等都一一记录下来，并且他在每项活动的旁边详细标注了时间的花费情况——多少小时，多少分钟，甚至是多少秒钟。当然，他在做每一种活动以前都事先对所需时间有个合理的计划，每天坚持对时间的支配情况进行核算，真正做到一天一小结，每月一大结，年终一总结。他在总结的过程当中，不断寻找哪些是被浪费了的时间，以做前车之鉴。通过不断地总结，他得出了一套适合自己的支配时间的方法，直到逝世，从未中断过。

柳比歇夫同杜勃罗留波夫一样，十分注意时间的充分利用，但是前者较后者更会科学地支配、运筹自己的时间，他完全可以使学习、工作、休息都很有节奏地进行，极大地提高了时间的利用率。在他近 80 年的人生中，总共发表了 70 多部学术著作，还写下了 12500 张打字稿的论文和专著。从他的成果中，我们不难想象他平日里有多繁忙，在安排得满满当当的时间表中，除了科研、写作、学习之外，他每天仍能保证 10 小时左右的睡眠时间，并且经常参加各种文娱表演活动、体育活动……所有这些，都应归功于他长期坚持科学地支配每一天的时间。

之所以举出杜勃罗留波夫和柳比歇夫的例子，目的就是为了让大家明白，所谓的掌控时间、做时间的主人，是要有效地利用时间，而不是一味地求快，也不是盲目地制定不合理的时间计划表，整天忙碌却不明所以。

前面提到的三种人，无论哪一种，都很难办好自己的事情。如果他们不及时改正，很可能一生都会暴露在危机之中。

试想，随着年龄的增长，我们的工作任务会不断地改变，即使已经有了周密的时间计划，到了相当的年龄或事情有了变化时，过时的计划就必须有所改变。这时，与其花很多时间去修改计划，还不如把时间直接运用到工作上，反而更有效果。特别是在当今这个时代，事态千变万化，死守着条条框框和计划表，是很不明智的抉择。

要想有效地掌控时间，就必须先放松自己，不让自己被时间所约束。这样，才能使自己在善用时间的过程中，争得主动权，成为时间的主人。

不让生命过早地老化

请不要让生命过早地老化，要让自己永远年轻。不仅心境要年轻，外表要年轻，生活更要"年轻化"。

当你发觉短时间很难熬，长时间又过得特别快，这就表示你的生活已经出现"老化现象"。

或许是太渴望长大的缘故吧！上小学时，我们常常会问爸爸妈妈："怎么还没有毕业？"他们为了让我们开开心心地念书，不要再问这种无聊的问题，就会答应我们在毕业之时，送我们一个礼物。

在还没拿到礼物支票以前，只是觉得时间过得好慢而已，但在等待"支票兑现"这段时间，我们才体会到"度日如年"这句成语的真正含义。

好不容易熬到毕业，我们便立刻请爸妈兑现这张礼物支票，可他们却满脸惊讶地问我们："这么快就毕业了呀？"

为什么我们和他们对"时间的感觉"差这么多？小时候以为他们是"舍不得花钱买礼物"，长大之后才知道，原来一个人对时间的感受，和年龄大小有密切关系。

对 10 岁的孩子来说，过一年是他人生的 1/10，他当然觉得"时间过得好慢"；可是，对 40 岁的中年人而言，过一年只是人生的 1/40，自然会觉得"时间过得好快"。

这就是为什么年纪小的时候，会觉得"长时间过得很慢，短时间过得很快"，而年纪大了之后，却觉得"短时间过得很慢，长时间过得很快"的原因。

除了年龄因素以外，当生活出现"老化现象"，也会觉得"短时间很难熬"但"长时间过得特别快"。比如，常常不知道一个上午如何打发，但却感觉时间在一年一年地快速溜走。

我们的身体需要定期检查，才能知道有没有老化现象，同样，我们的生活也需要定期检查，才能晓得有没有老化现象。

因此，不妨每隔一段时间，就检查一下，日常生活中有没有出现下面这些"老化现象"。

（1）工作就像"没有多少肉的鸡肋骨"，食之无味，弃之可惜。

（2）一个人独处的时候，就会觉得无聊，不知如何打发。

（3）生活若突然多出一块空当，完全想不出来该怎么利用。

（4）不晓得从何时开始，对什么事情都失去兴趣，连以前感兴趣的事，也失去兴致。

（5）每天晨昏颠倒，日子过得迷迷糊糊。

（6）做事进度严重落后，怎么赶都赶不上。

生活出现严重的老化现象。那种"内心慌乱，却使不上力"的感觉，真的令人感到很可怕。

为了让生活"年轻化"，可以采取如下几个步骤：

（1）从改变"作息习惯"做起。努力戒掉"白天睡觉，晚上工作"的不良习惯。这样，头脑就会变得清爽许多。

（2）找机会参加不同的活动，让自己由里到外全面动员，增加新的能量。

（3）把每件事情都订下"截止日期"，规定自己在期限内完成。当生活太过松散，就必须适时给自己一点压力。

（4）重新调整"人生方向"，在记事本上写下"未来一年"的努力目标，并且积极主动地寻找机会。

请不要让生命过早地老化，要让自己永远年轻。要做到永远年轻，不仅心境要年轻，外表要年轻，生活更要"年轻化"。

做一个"时商"高手

时间是成功者进步的阶梯，也是成功者一生的资本。要想成为一个成功人士就必须提高时间管理效率，使自己成为一名"时商"高手，合理而高效地把握你现在和将来的时间。

为什么我们总是在抱怨时间不够用，是不是事情真的很多？可能是这样吧。但是，为什么有的人能够做成很多事情，并且还能有"闲庭信步"的机会？也许这问题的关键就在于我们是否懂得管理自己的时间了。其实，"忙"也是一种心态，一种会变成不良习惯的心态，它因缺乏时间管理能力而形成，这个能力就是时商，只有提高你的"时商"，即提高"理时"能力，你才会突然发现，原来，我们要完成一定量的事情并不需要搭进一大堆时间，只是因为我们不会使用时间才觉得"忙"，甚至忙得一塌糊涂。

那么有没有办法训练管理时间的能力，也就是如何提高我们的"时商"，让我们成为一名"时商"高手呢？当然有办法，如以下几点：

1. 端正你对时间的看法

（1）要认识到光阴一去不复返，时间是有限的，也是有价值的，并且将这一点时刻铭记于心。

（2）要认识到学会节省时间得花时间。要先试着学会制定时间表，并按时间表做事，花一段时间形成习惯，你就能享受到按计划行事带给你的好处。

（3）时间效益出自科学的管理。时间管理是一种决定生活中什么东西和事情重要的能力。许多学习效率高的人会花一些时间来考虑如何度过一天或一个星期，考虑一些事情是否该做，哪些事情先做，哪些事情后做，那是因为他们知道，这样能提高自己的学习效率。

2. 反省自己支配时间的方式，找出不合理之处

一般造成时间不够用的原因有：

做了不想做的事；做了做不了的事（比如花太多的时间去做刁钻的题）；做事拖拉，常常拖到最后一分钟才动手（结果事情越积越多）；制定的目标不切实际（结果因不能实现而导致心烦意乱）；从来不制订学习计划；不习惯花点时间去权衡哪些事情需要优先处理；经常很勉强地答应一些你本来想拒绝的事情，或者不能抵制一些无端打扰；工作学习与生活场所凌乱不堪，很少整理；几乎把所有的时间都用于学习，极少有时间与家人或同事交流，不能得到来自他人的经验指导，等等。

看看自己有没有上述的不良习惯？如果有，你就要下决心摒弃它们。

其实，许多杰出人士之所以能取得巨大成就，主要就在于他们都具有很高的"时商"，能够合理高效地驾驭自己的时间。下面就让我们来看看法国作家巴尔扎克的作息表：

8：00～17：00 除早午餐外，校对修改作品清样。

17：00～20：00 晚餐之后外出办理出版事务，或走访一位贵夫人，或进古玩店过把瘾——寻求一件珍贵的摆设或一幅古画。

20：00 就寝。

0：00～8：00 写作，夜半准时起床，一直写到天亮。

这位每天只睡4小时的文学巨匠，摒弃了巴黎的喧嚣与繁华，一个人静夜独坐，手握鹅毛笔管，蘸着心血和灵感，写出了96部小说，演绎了一部《人间喜剧》。勤奋惜时的巴尔扎克只活了51岁，他的作品却流芳百世。

那些伟大的人，有进取心、有紧迫感的人，无不把时间抓得紧紧的，一时一刻也不懈怠。而当一个人感受到生活中有一种力量驱使他翱翔时，他是绝不会爬行的。

在贝尔研制电话时，另一个叫格雷的人也在研究。两人同时取得突破。但贝尔在专利局赢了——比格雷早了两个钟头。当然，他们当时是不知道对方的，但贝尔就因为这120分钟而一举成名，誉满天下，同时也获得了巨大的财富。

时间是成功者进步的阶梯，是成功者的资本，但时间并非一成不变。就好像旭日东升，朝气蓬勃，而日落西山的太阳，就完全没有那种气势。所以，如果你要想成就成功的人生，就必须提高你的时间管理效率，成为一名"时商"高手，合理而高效地把握你现在和将来的时间。

第三节 合理而高效分配时间的6种策略

时间的 80/20 法则

如果你想获得更大的成绩，而不是成为一个庸庸碌碌的"没事忙"，你就需要抛开那些低价值的活动，将你的时间花在高价值的活动上——那些真正能给你的生命带来成功和喜悦的事情。

有人说生存在现在的社会里，必须要了解"80/20"法则，比如说世界上80%的财富，掌握在20%的人手里；市场上80%的速食面，由20%的商人经营。此种规则，也可适用在时间上。

此规则是意大利经济学家维尔弗雷多·帕雷托提出的，他在1895年首次提出这一规则。这一规则也被称作"帕雷托原则"。帕雷托注意到，在他所在的那个社会中，人自然地分成"重要的少数"——以金钱和社会影响来衡量的占20%的上层社会优秀分子和"不重要的多数"——底层的80%。

他后来发现，实际上所有的经济活动都服从这一帕雷托原则。例如，这一规则说，你20%的活动获得的成果在你所有成果中占80%，你20%的客户占你80%的销售量，你20%的产品或服务占你80%的利润，你20%的任务占你80%的价值，如此等等。这就是说，如果你列出十项要做的工作，其中两项的价值等于或超过其余八项加起来的价值总和。

这是一项令人感兴趣的发现。有些任务可能要花同样多的时间去完成，但是，这些任务中的一项或两项的价值是其余任何一项的五倍或十倍。你就应当把这个任务当成首要任务来完成。

下面是威廉·穆尔替格利登公司推销油漆采用的方法。穆尔起初每月只能赚 160 美元。有一天他坐下来分析他售货的记录，发现 80% 的生意是跟 20% 的顾客做的——然而他为每位顾客花的时间相等。

因此，穆尔就把他最没有希望做得成生意的 36 个顾客转让给了别的推销员，而他的精力就集中用来对待他最好的顾客。不久，他每月赚 1000 美元，继而成为美国西岸最优秀的推销员。他从没有放弃这条原则，最后成为凯利·穆尔油漆公司的董事长。

80% 的收获来自 20% 的时间，80% 的时间创造了 20% 的成果——来自理查德·科克的话。如果是真的，很多人都会感到惊慌和沮丧了。他们不能相信在自己 80% 的工作时间所做的事情仅仅带来少得可怜的 20% 的工作成绩。他们急于从自己的工作时间表里找出那最有价值的 20% 的时间，并努力将它扩大到 40% 或 50% 甚至更大的份额。要怎么达到这样的目标呢？你首先要做的就是重新审视自己的工作时间表。

工作时间表上记录的密密麻麻的事情中到底有多少是有价值的呢？对于你付出的时间它们给予回报了吗？你知道哪些事情对你很重要，是"高价值"的？哪些是阻碍你发展和进步的、"低价值"的？

当你认识到哪些事情是骗走你宝贵时间的低价值活动，你就要像清除衣橱里过时、廉价的旧衣服那样，毫不客气地将它们丢掉。不论在别人眼里它们多重要、多紧急，你都要告诉自己"那是低价值的时间浪费"。最常见的低价值时间浪费有以下 8 种情况：

1. 千篇一律、例行公事的事

事例：复印开会所需文件，再分发给所有部门。

传统看法：明天就要开会了，各个部门必须尽快拿到资料。

80/20 看法：也许这是紧急的事，但是你完全没有必要花费整整两小时复印几十份资料，发封电子邮件让各部门自己打印去吧。

2. 别人希望你做的事

事例：老板让你代替他去参加一个会议，在这个会议上你既不用发言，也不会获得有用的信息，甚至不能结识一些对你有所帮助的人。

传统看法：这是老板的信任和器重，你一定不能推辞。

80/20 看法：这对你没有帮助。如果你很空闲，那么去去也无妨，不过等你到了规定时间交不出报告的时候，老板绝不会认同你拿这件事作为未完工的理由的。

3．枯燥乏味的事

事例：遭遇冗长无聊、东拉西扯的会议。

传统看法：即使会议内容和自己无关也要听下去，这样才能显示出你是关心公司动态的。

80/20看法：你还有很多很多真正紧急的事情要做。如果不能悄悄逃会，就只能在会议上开开小差，阅读一些有用的文件了。总之，不要为这个无聊的会议浪费宝贵的时间。

4．你不擅长的事

事例：本月员工的工资收入有些变动，许多人拿着工资单来找会计要求解释。

传统看法：会计有义务向大家解释清楚，因为只有他清楚每个人的税费扣缴情况。

80/20看法：与其占用大量时间一一接待来咨询的同事，不如统一发一个电子邮件，说明详细的扣缴规则。

5．别人都不感兴趣的事

事例：上司希望你负责每周为同事提供一些有价值的资讯公布在布告栏上，3个月后反应平平。

传统看法：你应该坚持下去，不管你对这事怎么看，毕竟上司认为这样做有意义。或许是你做得还不够好。

80/20看法：没有收效的事再继续下去毫无意义。向你的上司直言不讳地讲明你的观点。

6．所花费时间远远超出你的预计，但是还没有完成的事

事例：谈判多次都不能签约的难缠客户。

传统看法：既然你已经做了大量的工作，你就应该善始善终地做完它，半途而废太可惜了。

80/20看法：如果花费时间超过预计时间一倍以上，这个项目的含金量就大打折扣了。你完全有理由放下这根糟糕的鸡肋，否则你耗费的时间和收效将更加难以平衡。

7．未经筛选的电话

事例：周末上司来了3个电话，其实每次交代的事情都不急，完全可以等周一再处理。

传统看法：既然上司命令马上办理，就只能放弃休息了。

80/20看法：使用答录电话或者手机来电转接功能。很多工作狂老板会在深夜或假日给下属打工作电话，却毫无愧意。让他们见鬼去吧！

8. 下属的工作没有品质保障

事例：下属提供的报告错得一塌糊涂。

传统看法：帮助下属修改报告是你分内的事，如果实在来不及，你甚至需要自己重写一份，这是你分内的工作。

80/20看法：请有经验的下属指导他或者就此换将好了。总之，不值得为这类没有回报的事情花费你的宝贵时间。

那么，哪些事情是真正值得花费时间和精力处理的呢？你是否已想到下面的情况呢？

（1）实现人生大目标的事。

（2）付出20%，收益却占总收益的80%。

（3）你一直想做的事。

（4）千载难逢、稍纵即逝的事。

（5）能大大节约时间，或者可以使品质大大改善的创新。

或许你还有其他对你来说真正重要的事情没有列出来。比如和亲人相聚、与情人共度一个没有电话干扰的周末、在非常疲倦沮丧的时候请假上街逛逛。当然，你还要充电、进修、补习……总之，你应该将时间用在那些让你真正感觉快乐、成功和满足的事情上，而不要让枯燥、低效的例行公事占据你时间的绝大部分。

重新给你的时间下个定义，做好你的时间管理吧！你会发现，那些低回报的事情做得越少，你离成功就会越来越近，你的光明前途就会越来越清晰明朗。

要事第一

处理事情要分清轻重缓急，重要的事情一定要摆在第一位来完成。唯有如此，你才不会在工作中感到忙乱。

你是不是从早忙到晚，感觉自己一直被工作追着跑？但你的忙乱也许不是因为工作太多，而是因为你没有将重要的事摆在第一位。在如今越来越复杂与紧凑的工作步调中，运用奥卡姆剃刀将不紧迫又不重要的事情撇在一边，保持"要事第一"是最好的应对原则。

"最聪明的人是那些对无足轻重的事情无动于衷，却对那些较重要的事务无法无动于衷的人。"一流人物大都具备无视"小"（人物、是非）的能力，他必须忍住不为小事所缠，他能很快分辨出什么是无关的事项，然后立刻砍掉它。

事实也是如此，在你往前奔跑时，你不可以对路边的蚂蚁、水边的青蛙太在意——当然毒蛇拦路除外。如果要先搬掉所有的障碍才行动，那就什么也做不成。一个人过于努力想把所有事都做好，他就不会把最重要的事做好。

许多人在处理日常事务时，完全不知道把工作按重要性排队。他们以为每个任务都是一样的重要，只要时间被工作填得满满的，他们就会很高兴。然而懂得安排工作的人却不是这样，他们通常是按优先顺序展开工作，将要事摆在第一位。

在确定了应该做哪几件事情之后，你必须按他们的轻重缓急行动。大部分人是根据事情的紧迫感而不是事情的优先程度来安排顺序的。这些人的做法是被动的而不是主动的。懂得生活的人不会这样来按优先顺序开展工作。以下是两个建议：

1. 每天开始都有一张优先表

伯利恒钢铁公司总裁查理斯·舒瓦普曾会见效率专家艾维·利。会见时，艾维·利说自己的公司能帮助舒瓦普把他的钢铁公司管理得更好。舒瓦普说他自己懂得如何管理，但事实上公司不尽如人意。可是他说自己需要的不是更多的知识，而是更多的行动。他说："应该做什么，我们自己是清楚的。如果你能告诉我们如何更好地执行计划，我听你的，在合理范围内价钱由你定。"

艾维·利说可以在 10 分钟内给舒瓦普一样东西，这东西能使他的公司业绩提高至少 50%。然后他递给舒瓦普一张空白纸，说："在这张纸上写下你明天要做的最重要的六件事。"过了一会儿又说："现在用数字标明每件事情对于你和你的公司的重要性次序。"这花了大约 5 分钟。艾维·利接着说："现在把这张纸放进口袋。明天早上第一件事情就是把这张纸条拿出来，做第一项。不要看其他的，只看第一项。着手办第一件事，直至完成为止。然后用同样方法对待第二件事、第三件事……直到你下班为止。如果你只做完第一件事情，那不要紧。你总是做着最重要的事情。"

艾维·利又说："每一天都要这样做。你对这种方法的价值深信不疑之后，叫你公司的人也这样干。这个实验你爱做多久就做多久，然后给我寄支票来，你认为值多少就给我多少。"

这整个会见历时不到半个小时。几个星期之后，舒瓦普给艾维·利寄去一张 25 万美元的支票，还有一封信。信上说从钱的观点看，那是他一生中最有价值的一课。据说，5 年之后，这个当年不为人知的小钢铁厂一跃成为世界上最大的独立钢铁厂，而其中，艾维·利提出的方法功不可没。这个方法为舒瓦普赚得了 1 亿美元。

2. 把事情按先后顺序排列

把一天的事情安排好，这对于你成就大事情是很关键的。这样你可以每时每刻集中精力处理要做的事。但把一周、一个月、一年的时间安排好，也是同样重要的。这样做给你一个整体方向，使你看到自己的宏图。

真正的高效能人士都是明白轻重缓急的道理的，他们在处理一年或一个月、一天的事情之前，总是按分清主次的办法来安排自己的时间。

商业及电脑巨子罗斯·佩罗说："凡是优秀的、值得称道的东西，每时每刻都处在刀刃上，要不断努力才能保持刀刃的锋利。"罗斯认识到，人们确定了事情的重要性之后，不等于事情会自动办得好，你或许要花大力气才能把这些重要的事情做好。始终要把它们摆在第一位，你肯定要费很大的劲。下面是有助于你做到这一点的 3 步计划：

（1）估价。首先，你要用目标、需要、回报和满足感这四项内容对将要做的事情做一个估价。

（2）去除。去除你不必要做的事情，把要做但不一定要你做的事情委托别人去做。

（3）估计。记下你为目标所必须做的事，包括完成任务需要多长时间，谁可以帮助你完成任务等资料。

3. 要避免不必要的干扰

要做到重要的事情摆在第一位，并且集中精力将其处理好，就要排除干扰。但是，我们生活在一个复杂的社会群体之中，任何人都无法完全避免干扰。尽管如此，我们仍然要尽可能地减少干扰。

（1）我们要给自己创造一个良好的工作环境。精力无法集中的人，自称要消除精神疲劳，改变心情，常常会在写字台周围摆上各种不相干的玩意儿。实际上这些东西，无论是全家福照片、纪念品、钟表、温度计，它们既占据你的空间，也分散你的注意力。它们对你形成的干扰是无形的，是不易察觉的。这时候，办法只有一个，除了达到当前目的所必备的东西之外，不让自己看其他东西。

（2）将种种琐事归纳到一起，这样工作起来就必须要有节奏。例如，有些信件，可以归总起来一次写完；尽量约好时间，尽可能集中依次会见来访者；必须阅读的材料，集中到一起很快地一一过目，等等。

（3）委婉拒绝别人的托付。在现实生活中，难免会遇到别人托付自己做一些事。如果碍于情面不拒绝，有可能会耽误自己的工作进度。不是说对于别人的托付一概拒绝，而是指在必要时，应该巧妙地拒绝别人，使自己的工作能够顺利进行下去。

做最现实的事情

太高的奢望和不切实际的目标，对我们而言是没有价值的。只有把握好最近、最现实的目标，付出才可能有回报。

请看看下面的一则故事。

一场罕见的洪水袭击了一个小村落，许多人被无情的洪水夺去了生命。一个三口之家也是这场灾难的受害者，丈夫在洪水中救起了自己的妻子，而他们 10 岁的儿子却被淹死了。对于这个家庭的不幸遭遇，许多人都深表同情。

但事情渐渐出现了变化，一些人对那个男人的选择产生了疑问。在突如其来的洪水面前，丈夫挽救妻子的生命，而放弃了他们的儿子。"难道在灾难来临的时候，孩子就应该成为被舍弃的对象吗？"围绕这一事件展开的争论，一时间成了山村里人人谈论的话题。

一个报社的记者路过此地，听说了这件事。对于争论，他不想了解。只是他很想知道：如果你只能救活一个人，究竟应该救妻子还是救孩子呢？妻子和孩子哪一个更加重要？于是他专门去采访了那个丈夫。

"我根本来不及想什么，当洪水到来的时候，妻子就在我身边。我们都不想失去对方，于是我就抓住她拼命地往山坡游。而当我返回去的时候，儿子已经不见了。"他痛苦地回忆着。

"请不要过于悲伤，毕竟你从洪水中救回了妻子。"记者最后说道。

抓住离你最近的目标，你才有可能体现效率的价值。那个男人的选择是对的，救活一个，胜过失去两个。面对洪水，他可以做到的就是紧紧抓住离自己最近的妻子，这是最为现实和明智的，同时，也是最为有效的。如果当时他放弃妻子去救孩子，可能最后一个人也救不了。太高的奢望和不切实际的目标，对我们而言是没有价值的。只有把握好最近、最现实的目标，付出才可能有回报。

在时间管理中，最重要的是抓住最主要的、最紧迫而又最现实的事情。只有这样，我们在讨论其他事情时才不会失去意义。

也许，这样说你还不太明白。那么，我们再来举个例子吧!

如果有人给你几千美元，要你自己出去生活，你将怎样使用这些钱呢?你一定不会先去买电脑游戏，也不至于先去看百老汇舞台秀，而是在解决了衣食住行的问题后，才开始考虑这些娱乐的支出。

同样的道理，在你有了时间的情况下，你不能先去打电脑游戏和看电影，也不可以先去整理相簿、看小说和胡思乱想，而应该先安排出自己睡眠、工作和学习的时间。因为没有充足的睡眠，你的身体状况不可能好；不花时间乘车，你到不了公司；至于上课、读书则是你现阶段最重要的事。分清什么是重要的事和必须要做的事是十分必要的。当然，除此之外，你必须吃饭、交际，并处理生活上的琐事。但是这些事在整个时间的分配上，应该占的时间要尽量少。

所谓"好钢用在刀刃上"，做最现实的事，把你的精力发挥到最见成效的地方吧!

做"必须做的事"

生活中有许多必须做的事情，要是为了想做的事情，而把应该做的、必须做的事情给忽略了，就会出问题。因此，我们需要调整理想和目标，找准人生中最重要的、必须要做的事情去做。

美国有一个天资聪颖的年轻人，叫柯雷基。他才华横溢，却不懂得一心一意地做事，而是想做什么就做什么，这一点几乎成了他的致命伤。他曾就读于著名的剑桥大学，但没有毕业，就参军去了。参军后，他因为不肯服从洗马匹的工作，结果又离开了军队。从军队离开后，他又进入著名的学府牛津大学攻读。可惜，没完成学位，就又离开了。后来，他还创办了一份报纸，但这报纸只出了十期就停刊了。虽然报纸没办成，他仍然梦想着著书立传。他常说："我的书已经完成了，就差把书从脑子里拿出来，交付印刷厂变成铅字了!"他甚至说自己已经完成两套8开本的书了，不过，还没寄给出版社呢!

事实上，他说的这一切著作，都只字未动，仅仅是存在于脑海里而已。

柯雷基的一生，最后以失败收场。他踌躇满志，最后竟然一事无成。原因何在？有人这样评价他："柯雷基的失败，是因为他想做的太多，结果什么都没做成。虽然才华横溢，但他欠缺毅力和恒心。"

1984年的夏季奥运会，田径运动员鲁伊斯一共赢得4枚金牌。他虽然表现出色，却遭人批评，说他的跳远并没有尽自己的全力。的确，鲁伊斯在首跳之后，就知道金牌已经是十拿九稳了。于是他没有竭尽全力，跳出个世界纪录。但他很有道理地解释道："我参加奥运会，是为了拿金牌，而不是为了创世界纪录。我还要给自己留些力气，参加其他项目的比赛，争取更多的金牌。至于世界纪录，今天我创立了，不用多久，一定有别人破纪录。何必把全部力气花在不能长久的事上呢？"显然，鲁伊斯懂得"衡量轻重，分清主次"。对于他来说，金牌才是最重要的。

现实生活中，许多人总是抱怨时间不够用，其关键原因就是他们将事情的优先级别搞错了。

必须做的事和想做的事不同。想做的事可以有很多，比如，想上网聊天，想郊游，想逛商店，想睡觉……但生活中有许多必须做的事情。要是为了想做的事情，而把应该做的、必须做的事情给忽略了，就会出问题。因此，我们需要调整理想和目标，找准人生中最重要的、必须要做的事情去做。

我们必须时常这样问自己：今天你最想做的是什么？你必须做的又是什么？

关注可控范围，而非不可控范围

对于我们不能够控制的事情关注越多，我们能够控制的事情就会越少。而当我们把注意力放在可控范围时，可控范围就会逐渐变大，我们的影响也会逐渐增强，我们的最终目标也因此而容易达成。

我们在一生当中，关心过许多事情。我们关心自己的健康问题、孩子的教育问题，我们希望事业有所成就、家庭更加幸福，我们关心世界和平、全球气候、两岸关系等。很明显，在我们关心的这些事情中，有一些是我们可以控制的，而有一些是我们无法控制的。所以，我们可以将自己所关心的诸多事情简单分为可控范围与不可控范围。从一个人的关注焦点是在可控范围还是不可控范围，我们可以看出他的心态是积极的还是消极的。相对来说，关注可控范围的人会比较积极，他不受外界环境的控制，不管外在世界是晴朗还是阴沉，他的内心都自有一片天空。而关注不可控范围的人会比较消极，他容易受周围环境和他人的影响。当他得到别人的肯定与赞扬时，就会很开心，反之则沮丧抱怨；当外在环境一切遂愿时，他就积极自信，反之则消极退缩。要想更加了解"可控范围"与"不可控范围"，可以看下面这些例子。

不可控："究竟要等到什么时候，孩子才会听我的话？"

可控："我该如何多了解孩子的想法？"

不可控："我的女儿为什么老是跟那种类型的朋友混在一起呢？"

可控："我该如何更有技巧地教育孩子？"

不可控："要是我的房屋贷款还清了，我就无牵挂了。""如果我有足够多的钱，就可以做自己喜欢的事了。""如果我的老板不那么挑剔……""如果我的丈夫脾气好点……孩子听话点……"

可控："我可以更明智、更有耐心……""我们有选择的自由。"

不可控："客户为什么老是无理取闹？"

可控："我该如何为客户服务？"

不可控："我们的产品为什么定价这么高？"

可控："我怎么做才能卖出定价这么高的产品？"

不可控："为什么我老是不加薪？""谁来明确我的职责？""我做了这些事情，他们怎么就没发现呢？"

可控："我该如何继续提高自己的业绩？"

不可控："我怎么这么倒霉，老遇到这种事？"

可控："我在其中起什么作用？我要怎么做才能让事态有所改变？"

不可控："她为什么老翻旧账？""她什么时候才能更理解我？"

可控："我该如何改掉自己的毛病？""我该如何助他一臂之力？"

从上面的例子中，你会发现自己真正能控制的究竟是什么。外在环境你无法控制、事情的结果你无法控制、别人你无法控制，归根到底，你能够控制的只有你自己——你的思想、你的言语、你的行为。

将注意力放在可控范围内，并不是让你安于现状、不思进取、拒绝冒险。你同样可以设定伟大的目标，但是在追求目标的过程中，就要关注可控范围。

由于诸多的不确定性，我们不能控制自己能有一个健康的身体，但是我们可以控制的是，让自己养成坚持锻炼身体的习惯和保持健康饮食的习惯。

我们不能完全控制另外一个人的爱，但我们能控制的是自己真心诚意地付出爱。

我们不能控制顾客一定购买我们的产品，但我们能控制的是自己全力以赴、满怀激情地去服务于顾客。

加薪、升职、老板是否认可、上司是否挑剔，这些都是我们不能控制的，我们能控制的是以良好的态度、全力以赴地去创造优秀的业绩。

事实已证明，有的人因为总是关注可控范围而非不可控范围，最终发生了很大的改变。看看下面的故事吧。

杰克的老板是一个吹毛求疵、吝啬、极端情绪化的人，很多员工都忍受不了，公司里所有抱怨的矛头都指向这位老板。可杰克很清醒地意识到老板的态度是他控制不了的；而他能控制的是自己如何看待老板。他说，他一直都相信每个人的本质都是好的，要想别人怎样对待你，你就要先怎样对待别人。于是，他决定改变自己对老板的看法，他不断告诉自己："这是一个非常好的老板。"刚开始时，他并不能接受这种看法，但他还是决定发自内心地尝试一下。当他这样想的时候，他发现了老板的很多优点，这让他越来越觉得老板是个很不错的人，这种信息从他看老板时的眼神和与老板交谈时的话语中透露出来。最后，令他惊讶的是，老板对他的态度也开始改变。老板开始变得有人情味，而且在每个月的绩效考核中都给他很高的评价，最后他还意外地涨了工资。而那些总在抱怨的人仍旧在原地踏步。

上面杰克的故事告诉我们，对于我们不能够控制的事情关注越多，我们能够控制的事情就会越少。而当我们把注意力放在可控范围时，可控范围就会逐渐变大，我们的影响力也会逐渐增强，我们的最终目标也因此而容易达成。

一次只做一件事

一次做几件事，频繁在多个工作间切换，绝对不如你全力以赴把精力集中于当前正在进行的工作中，把工作一件件完成来得有效率。

让我们先做个简单的实验。这个实验可以由你和你的朋友一起进行。

选定3项小工作，你们两人同时进行。譬如一件是堆一叠硬币；另一件是在空白纸上画15颗星星；第3件则是把一些回形针串在一起。两个人的东西数量都一样。

两人同时开始。

你同时进行 3 样工作，一会儿你叠几个硬币，一会儿你画几颗星星，一会儿你串几个回形针；

而你的朋友则先把所有硬币叠成一叠，完成；然后，开始画星星，画完 15 颗；最后把所有回形针串成一串。

谁的动作会比较快，完成起来比较容易，且心理、情感上都比较愉快？

可以肯定，你那位专心做手边事情，等完成后再进行下一件的朋友会赢，而你在 3 项工作间来回进行，你的错误率可能较高，譬如你把叠了一半的硬币弄倒等。即使你很擅长变来变去，但你的心理还是不容易保持平静，你的工作品质可能也不好，或许你画的星星总缺少点艺术气质。

同理，若我们把在实验中得出的结论套用在生活中，你就很容易了解为什么你每次都做不好工作——持续在许多工作间变换，绝对不如你全力以赴把精力集中于当前正在进行的工作上，把工作一件件完成来得有效率。

一次只做一件事情，同样适合管理者借鉴。

有一位名叫天祥的业务员，其实，他是个非常热心的大好人，对于同事的要求总是义不容辞地一口答应。"送材料啊，来，我帮忙。""联系客户是吗？没问题，我来替你做。""跑广告公司吗？来来来，东西放这儿，我等一下再一起送去。"

甚至，年轻志大的他，还向老板毛遂自荐："老板，我会做……我能做……我还可以做……"有志于销售事业的他一心想着多做点儿事，他认为这样一定可以让自己在同行业间更快地崭露头角。

一开始，体力过人的他尚可应付，但两个月后，他开始吃不消了！开始感到有些力不从心了。3 个月后，他每天都顶着晕晕乎乎的脑袋去上班。

半年后，公司公布业绩，他是公认杂务最多的人，但是各项成绩都惨不忍睹，一塌糊涂。

其实在更多的时候，"质"远远比"量"更为重要，与其拿 100 个 60 分，还不如得 60 个 100 分。尽管它们的和都是 6000 分，但实际上差别可真是太大了。如果你是公司的管理者，你每天做许多事情，但做每件事都是马马虎虎的，别人看待你充其量不过是个 60 分的人。相反的，如果你能集中精力，不贪心，一次只做一件事情，并且能把它做得十分完美，那么别人看待你，就会是个100 分的人。

100 个 60 分，不如 60 个 100 分，这个浅显的道理连小学生都知道。

许多人在工作中把自己搞得疲惫不堪，而且效率低下，很大程度上就在于他们没有掌握这个简单的工作方法——一次只能解决一件事。他们总试图让自己具有高效率，而结果却往往适得其反。

如果你真的很忙，想寻找利用时间的办法，你不妨试下前面提到的艾维利推荐给舒瓦普的时间管理方法：你写上明天你必须做的六件要务，依重要性排出先后次序。你做完一件再做第二件，然后你依次一件件做下去，做到你下班为止。

第二章
工作：卓越人生的本质要求

　　工作远不只是从事某项职业。工作是高品质生活的根本性要素，关系到我们如何维持自己和家人的生活，如何表达自己的爱，如何发挥自己的作用以及如何塑造内心崇高而有创造力的自我。我们要积极而快乐地工作，致力于把自己打造成一位成功而卓越的工作者。同时也要实现工作和生活的平衡，在追求工作卓越之时保证高品质的生活，实现至高的人生意义。

第一节 工作是生活的馈赠

工作不仅仅为了薪水

如果一个人工作只是为了薪水，没有远大理想，没有高尚目标，不关心薪水以外的任何东西，那么他的能力就无法提高，经验也无法增多，机会也就不会垂青于他，成功也就自然与他无缘。把自己的工作做得比别人更完美、更正确、更专注而不计较报酬，那么，你终将获得比薪水更好的奖励。

"我每天拼命工作，是因为我有自己的价值观。我为自己当前的工作倾注了大量时间，甚至不在乎领不领工资。我刚发现我是全州工资最低的院长，可我不在乎。我是说，我干这活不是为了钱。"

这是某学院院长拉腊·M对工作与薪水之间关系的观点。

一个人若只从他的工作中获得薪水，而其他一无所得，那真是很可怜的。他无疑主动放弃了比薪水更重要的东西——在工作中充分发掘自己的潜能，发挥自己的才干，做正直而纯正的事情。

在工作中尽心尽力、积极进取，始终不放弃努力，始终保持一种尽善尽美的工作态度，满怀希望和热情地朝着自己的目标而努力，从而获得丰富的经验，同时也提升了个人的能力。你做得越多，你能做的就越多！

如果你做到了这点，就已经超越了自我，迈出了成功的第一步。

比尔·盖茨的财产净值大约是466亿美元。如果他和他太太每年用掉一亿美元，也要466年才能用完这些钱——这还没有计算这笔巨款带来的巨大利息。那么，他的工作目的是什么？

斯蒂芬·斯皮尔伯格的财产净值估计为10亿美元，虽不像比尔·盖茨那么多，不过也足以让他在余生享受优裕的生活了，但他为什么还要不停地拍片呢？

美国 Viacom 公司董事长萨默·莱德斯通在 63 岁时才开始着手建立一个庞大的娱乐商业帝国。63 岁，在多数人看来是尽享天年的时候，他却在此时做了重大决定，让自己重新回到工作中去。而且，他总是一直围绕 Viacom 转，工作日和休息日、个人生活与公司之间没有任何的界限，有时甚至一天工作24 小时。他哪来的这么大的工作热情呢？

诸如此类的例子还有很多。那些拥有了巨额"薪水"的人们，不但每天工作，而且工作相当卖力。如果你跟着他们工作，一定会因为工作时间太长而感到精疲力竭。那么，他们为何还要这么做，是为钱吗？

还是看看萨默·莱德斯通自己对此的看法："实际上，钱从来不是我的动力。我的动力源自对我所做的事的热爱，我喜欢娱乐业，喜欢我的公司。我有一种愿望，要实现生活中最高的价值，尽可能地实现。"

在励志电影《为人师表》中饰演角色的演员爱德华·奥尔莫斯应邀参加大学生的毕业典礼时，曾满怀激情地对大学生说："在大家离开前，我有一件事要提醒各位。记住：千万不要为了钱而工作，不要只是找一份差事。我所说的'差事'是指为了赚钱而做的事情，在座各位当中许多人在校期间就已经做过各式各样的差事。但工作是不一样的，你对工作应该有非做不可的使命感，并且要乐在其中，甚至在酬劳仅够温饱的情况下，你也无怨无悔。你投入这项工作，因为它是你的生命。"

不论你所选择的事业为你带来多么丰厚的财富或是多么微薄的报酬，只要你用满腔热忱全心投入，必然能够创造出崭新的局面，每天工作的时候自然都会感到充实快乐。

不管你喜欢与否，使命感、满足感、个人成长，还有升职加薪等，都是工作成果的收获，而不是单单准时上班下班就可以达到的，只有在我们施展所长的时候，才能够实现这些成果。

做工作的最佳受益者

工作会给你带来真正的幸福和乐趣，对工作的热爱会给你带来生命的快乐与成就。带着一份崇高的敬业精神，积极投入到工作中，你将成为工作的最佳受益者。

人要吃饭，要穿衣，要买房，要买车，要养儿育女，还要享受快乐……

如果想要吃得饱、穿得暖、住得好、行得便，把下一代抚育成才，就必须努力工作。努力工作一定会让你如愿以偿，因为工作之中有面包，工作之中有财富，工作永远能让你成为一个受益者。

我们在工作时，要时刻告诫自己：要为自己的现在和将来而勤奋努力，不要过分考虑自己的薪水。应该用更多的时间去学习新的知识，培养自己的能力，展现自己的才华，把工作看成一种经验的积累，因为这些东西才是真正的无价之宝。

任何一项工作都蕴含着无限的成长机会，机会也总是光顾那些努力工作的人们。因此，你不必为自己的前程烦恼，一切尽在努力工作中，努力工作能让你迅速成长起来，让你得到你意想不到的一切。

工作不仅能带给人快乐，把疲乏降至最低，而且还有利于身心健康。让我们积极地对待工作吧！

工作是人赖以生存的方式，努力工作一定会有好结果。下面这个故事就是一个很好的证明。

杰克在担任一个生产性企业顾问时，发现了一个当时令他感到奇怪的现象——有一个车间的工人总是死气沉沉、没精打采。原来，这个车间是整个企业中最脏最累的车间，每个到这个车间工作的工人都认为自己很不走运。

然而，在这个车间中却有一个年轻人显得十分愉悦，他充满活力和朝气，不时地向他人打招呼，甚至还不时地哼哼曲子、吹吹口哨。

"年轻人，你为什么这么快乐？"杰克问道。

"因为我喜欢和热爱这个工作岗位。"年轻人头也不回地答道，说完又哼起了曲子、吹起了口哨。

自然，那些自认为很不走运的人，是绝不会热爱这个工作岗位的。

见到这种情形，杰克很感动。他也信心十足地认为，即便这位年轻人将来没有得到提升，也没有比任何其他人多挣一分钱，但是他所得到的却远比他的同事多得多。他拥有的好心情，就是他的同事所不具有的，何况好心情还有利于健康哩！

一个人无论从事什么工作，都应该认真对待，尽职尽责。只有干好你手头的工作，人生才会有一个完美的结果。

事实上，在任何情形下，都不能厌烦自己的工作。假使你为环境所迫，只能从事一些乏味的事，你也应想方设法使工作变得有意义、有乐趣。当你以这种态度投入工作时，无论做什么，你都可从中享受到工作的无穷乐趣，体验到工作不再是一件苦差事，而是一件快乐的事，而你自己就是一个快乐的受益者。

渴望快乐就要努力工作

人需要在工作中寻找归宿和价值，实现其理想。工作可以满足个人的需要，让人快乐。只有做好本职工作，才能享受到劳动的成果——实现自我、体验快乐。

诺贝尔经济学奖得主布堪纳，特别迷恋美式足球，是一位铁杆球迷，他从不错过每年 1 月间的季后赛。原本一场 60 分钟的比赛，少不了犯规、换场、中场休息、伤停补时、教练叫停，等等，这样要耗费很多时间。

有一天，布堪纳突然感到，花这么长的时间在电视机前看比赛很浪费时间，甚至产生了罪恶感。然而，球赛又不能不看，为了在心理上找到平衡，他决定给自己找点事干。他记得曾经从后院捡了两大桶核桃，于是就把这些核桃搬到客厅里，一边看电视一边敲核桃，这样或许能心安理得一些。

一边看球一边敲核桃，同时布堪纳还在不停地思考：为什么自己长时间坐在电视机前会有罪恶感？为什么这么一会儿没工作就觉得心里不踏实？

在不断地敲核桃的过程中，布堪纳悟出一个道理：社会赞许工作，工作不仅对个人有好处，对其他人也有好处。如果一个人饱食终日，无所事事，那么除了他自己的得失之外，别人也享受不到他从事生产带来的"交易价值"。

工作在我们的生活中占据了很重要的位置，也是支配我们生活的力量。工作不仅对个人有好处，通过价值交换也让其他人受益。仅就纯粹的个人意义而言，人一生的全部活动不外乎三个内容：生存、发展、享受。无论哪个内容的实现，都无法离开职业生涯的帮助。

人需要在工作中寻找归宿和价值，实现其理想。工作可以满足个人，让人快乐。只有做好本职工作，才能享受到劳动的成果——实现自我、体验快乐。

著名的巴顿将军有一则小故事，生动地说明了什么才是快乐的人生。

一次，巴顿将军亲自驾车去前线鼓舞士气，在一条壕沟边与战士对话。

巴顿将军微笑着问："怎样才是快乐的人生？"

一位士兵答道："被尊重。"

巴顿将军马上响应："那太依赖。"

又有人抢答："爱。"

巴顿将军笑言："太天真。"

……

最后，巴顿将军提出了自己的答案："被需要。"

快乐的人生就是"被需要"，人生的价值也是"被需要"，员工的价值当然也在于被企业需要。称职的员工能够从工作中找到乐趣，实现自己的价值。在他们眼里，工作从不会是一件苦差事。

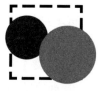

第二节 赢在卓越的平台

职业决定你的人生

职场经历在人的一生中占有十分重要的地位，许多时候成功与否是由你选择的职业所决定的。只有选择了能最大限度发挥自己能力的职业，才能取得辉煌的成就。

职场经历在人的一生中占有十分重要的地位，许多时候成功与否是所选择的职业所决定的。

沃尔特·迪士尼被人们称为卡通片大王。他是有声动画片和彩色动画片的创制者，曾荣获奥斯卡金像奖。后来，他又根据这些可爱的银幕形象设计和创建了被称为世界第九大奇迹的迪士尼乐园。

1901 年，沃尔特·迪士尼出生于美国芝加哥，他的父亲是西班牙移民。

15 岁时，沃尔特就已经表现出了异于常人的艺术感知力。他认为，自己将来有可能靠画画挣钱，当一名画家，便把课余的时间都用在绘画上。他白天上学，晚上到芝加哥画院学画。20 岁时，沃尔特到一家广告公司工作。这期间他经常光顾电影院，他不满意这些既粗糙又幼稚的动画片，决心创造出比这更出色的东西来。

此后，沃尔特便经常去堪萨斯公共图书馆，阅览有关电影动画绘画的书刊。1922 年，沃尔特有了一点积蓄，他辞去了广告公司的工作，自筹 1500 美元，创办了动画片制作公司。

当然，过程并不是一帆风顺的，历经曲折之后，沃尔特靠着自己的才能创造出了一个有着两只大耳朵的可爱老鼠，并给它起了一个好听的名字——米奇，人们也叫它米老鼠。

1928 年 5 月，第一次露面的米老鼠在好莱坞一家电影院秘密预演，观众反应不错。但是，因为一部片子的制作费高达 2500 美元，价格比一般的卡通片要高，租片商们似乎都在等待观望，没有人订货。1928 年 11 月 18 日，米老鼠系列的第三部片子《威利号汽船》在殖民地剧场首映，深受欢迎。第二天的报纸上，影评家们对这部动画片赞不绝口，称它是"天衣无缝的同步之作"。

之后，米老鼠系列片一部接一部地拍了出来。1932 年，迪士尼公司的第一部彩色有声动画片《花儿与树》获得了巨大成功，并获得当年的奥斯卡奖。《花儿与树》的成功不仅进一步确立了沃尔特·迪士尼在动画片领域的地位，也给他带来了极为可观的收入。

1933 年，沃尔特又拍成了彩色动画片《三只小猪》，首映时，盛况不亚于米老鼠系列片。当时美国正处于经济危机中，这部片子的主题歌《谁怕大灰狼》风行一时。

1934 年，沃尔特在欧洲旅行时，从巴黎的一位老板那儿得到灵感，决定拍一部长动画片《白雪公主和七个小矮人》。当时还没有长动画片问世，长片放映时间大约一个半小时，很多人都认为沃尔特这样做是冒险，但沃尔特坚持了下来。1937 年 12 月，片子拍出来了，果然又是盛况空前。这部片子被译成各国语言，在全世界放映，盈利比沃尔特预期的要高出 10 倍。

沃尔特一直想设计一座童话乐园，不仅有动画片和童话故事里的人物、建筑和树林，还有各种各样新颖有趣的游戏。1955 年，乐园建成并启用，成年人也和孩子们一样对它怀有极大的兴趣，它成了洛杉矶一处标志性的旅游景点，所有到美国西海岸来的游客都要来此一游，因此，迪士尼乐园收益巨大。后来，他在美国东部的佛罗里达州又建了一座规模更大的乐园，叫作"迪士尼世界"，园内设有酒店和更多的旅游景点，成了美国最有趣的一个度假村。

从沃尔特·迪士尼的成功事业之路可以看出，他选择了能最大限度发挥自己能力的职业，所以才取得了如此辉煌的成就。

选准池塘钓大鱼

选择一个公司来发展，就如同选择一个池塘来钓鱼。我们只应该关注的是：这个池塘是否有自己想钓的鱼，以及这个池塘的鱼我们是否能够钓起来。

人生本来就是一种选择——选择职业、选择公司、选择老板、选择生活中的方方面面。我们就如同一个垂钓者，只有选对了池塘才能钓到大鱼。所以，我们要仔细考虑如何选择一个公司来发展。

譬如，在许多年轻人看来，跨国公司就比私人公司要好一些。大公司常常能够提供更高的福利待遇，那些在纽约股票市场和纳斯达克股票市场挂牌上市的公司还提供股票和分红计划。

公司的产品和技术在行业内处于前几名，那些排名靠前的公司对于求职者来说更具吸引力。

这是人们通常所认为的优秀公司，然而大多数人并不懂得，真正的好公司是具有很强的针对性的，你应根据自己的职业规划和人生追求的不同阶段而有所区别。譬如，我们看一个池塘好坏与否，并非看其形状、地势以及所在的位置，而是看是否有我们想要钓的鱼。尽管池塘周围的风景也能给我们带来赏心悦目的享受，但是在钓鱼和欣赏风景之间，我们应该优先考虑前者。

如果你的职业选择是要成为一名高级职业经理，那么跨国公司的工作经历就有利于提升自己的职场地位，大公司复杂的组织运作能帮助你了解种种职场游戏规则。但是，如果你希望成为一个独立创业者，那么跨国公司的经验则可能成为一种障碍，在一种成熟的企业文化下容易养成一种按部就班的行事风格，过分职业化有时也会逐渐消磨个人的创造性，过分官僚化和组织结构的多层化会让人沉湎于公司内部政治中不能自拔。

判断一个公司的好坏，其标准应是个人的工作价值观、公司的价值观、公司发展现况、企业文化等相互构成之交集的多少。

综观今日的美国，薪水高低已经不是雇员衡量一个公司好坏的唯一标准了。职业问题专家杰弗琳最近对全美500余名男女雇员做了一次问卷调查，结果证实，雇员心中"好公司"的定义，除了收入较丰厚外，还应包括如下三个方面：

1. 让雇员有充分的信任感

这意味着一方面公司管理层有能力、有水平使得雇员信任；另一方面公司重视雇员个人的创造力和贡献，并给予每个雇员平等的竞争机会和公正的回报。可以说，良好的雇佣关系是建立在双方充分的信任之上的。

2. 使雇员满怀自豪感

如果雇员都能为自己的工作自豪，那么这个公司必然有极强的凝聚力，即使遇上困难或挫折，雇员和管理层也会同心同德地携手走出阴影。

《财富》杂志曾评选出一年中100个全美最受雇员喜欢的公司。当选公司与往年一样，自然少不了向职工提供最好的经济待遇，包括正常薪水、股票分红、医疗保险、节假日等。但与以往相比更看重的评选条件还包括属于薪水和福利以外的"好处"，如培训机会、妇女和少数民族的就业机会、公司对雇员本人和其家庭的关心程度、公司允许雇员参与公司管理的机会，等等。

3. 有友好、宽松的工作环境

如果一个公司的员工之间关系紧张，那么大家就很难开展工作，更不用说热爱公司了。心理学家也指出：友好、宽松的环境有利于发挥员工的创造力，由此也提高了工作效率。你喜欢与和你共事的伙伴为伍；自己以能够成为其中的一员为荣，工作时就会感到精力充沛、神采飞扬，而非精力耗尽。

池塘有深浅，公司也有大小之别。

行业不同，自然收入水平也有差距。但是，收入的差距往往更直接地体现为公司的不同。相同的行业，做相同的业务，不同公司之间的收入差距相当大。人们常常倾向于选择那些能够为他们提供更高收入水平和更好待遇的公司，这是人之常情，似乎也是合情合理的，但这依然存在一些因素需要我们在选择时仔细考虑。

现在，让我们来分析一下去不同公司的好处：你可以直接学习大公司的思维方式、办事风格和管理理念。大公司的视野、经验是小公司远远不能比的。而在小公司里，你可以快速地从管理者的角色上来制定规则，也就是说，由你自己来左右公司的一部分发展，这种机会在大公司是没有的。

在大公司，你可能学到很多管理规则和方法，但是这些方法后面隐藏的原理、适用范围，你不一定能够领悟到。而在小公司，你可以明白事情的前因后果。一般而言，到大企业工作的优点在于，职务分工清楚，能获得公司系统化的教育训练，在团队合作的氛围里，学习沟通与协调等组织运作能力；缺点是工作范围较狭隘。中小企业的优点是员工需要身兼数职，强调独立作业的能力，可以获得较多的实战经验；缺点是公司风险较高、职务变动频繁，教育训练可能较薄弱。

一个公司所有的管理规则都和它的具体情况息息相关，也和它从事的事业、公司成员、外部环境紧密相连。在大公司，你很难体验到这一点，因为公司已经发展成形，它的各种问题其创立者都已经遇到并解决了，你是在该公司的前辈所建立的框架里行事。而在小公司，很多框架是要依靠你去建立的。

因此，很难断定到底哪种选择更合适。在不同的环境中都去体验一下，肯定要好过单一性的经验。实际上，自身的素质也许是更重要的。善于学习、勤于思考，在任何地方都是必要的。反之，无论去哪里，都很难有所作为。

一般来说，大公司注重发展潜力，而小公司则注重实际技能。同时，小公司更注重效率和回报，一般不会长时间等待一个人的成长，它往往喜欢招收那些有经验并能很快上手的人。与此相反，大公司则喜欢把你培养成为和他们风格一样的人，为此，他们也愿意为你付出很多，以求将来获得更持久的回报。

利用现有的平台发展自己

当你在为公司创造价值的同时，公司的一切也可以为你所用。你可以充分利用公司给你提供的发展空间来成就自己的事业。

当你在为公司创造价值的同时，公司的一切也可以为你所用。

许多公司里都有将人才在各部门里轮调的计划，让他们能增加见识，吸取各方面的经验。在同一家公司从一而终还有个好处：除了自己的表现才能以外，你还有了更多成功的筹码。

美国的汉堡包大王柯伯先生在他的回忆录中写道，他事业的转折点，正是他觉悟到他正在做"快餐店"这一饮食行当的一刹那间。

那天他刚刚被提升到市场部门里第二把交椅的职位，并成为公司的主管之一。当他开着公司给他的崭新的车子回家时他意识到：这次升迁其实对他个人所企求的前途毫无意义。他的目标在于有一天能管理整个公司，但他目前的职位却不是公司业务的主流。他自己说："我所见到的，不过是公司全貌的 15% 而已。"

他的公司是以经营速食快餐为主，把汉堡包卖给顾客。为此，他毅然放弃了其他人羡慕的职位，义无反顾地去从事汉堡包的专卖经营，从头做起，学习如何打点生意。一年以后，他被总部召回，当上了营销部主任，没多久，他以杰出的营销才华出任常务总经理的职位，成为总经理的唯一接班人。

下面这个故事也向人们讲述了把环境为我所用就能达到成功的道理。

在一些城市的十字路口，车来人往，川流不息。当信号灯由绿变红时，所有的汽车戛然而止。突然，一种叫作细嘴鸦的乌鸦一蹦一跳地向马路中间走来。它们要干什么？司机们顿时感到莫明其妙。只见细嘴鸦口中衔着一枚核桃，准确地放到汽车车轮的前面，然后回到马路边。转眼间，信号灯由红变绿，汽车向前方疾驶而去，核桃顿时应声而碎。此时，乌鸦眼疾脚快，立刻飞到，开始它的核桃大餐。

瑟罗·威德出生于一个贫困的家庭。有一天还没有成名的他从停泊在纽约港的一艘小帆船上，替一个商人把大衣箱背到了市中心的一家旅馆里，商人付给他一些辛苦费，这是他挣到的第一笔收入。他那个时代不像今天，一个没有什么社会背景的青年出人头地的机会少得可怜，但威德却有非同寻常的直觉和机智，他随机应变的能力非常强，并且有出色的说服技巧，而且为人非常的大方。他曾经凭借自己的机智和敏锐，帮助三位候选人当上了总统。作为报答，他们先后邀请他出任驻英国大使以及其他政府要职，但他都婉言谢绝了。

林肯就任总统期间，有一份支持南部联邦的报纸叫《纽约先驱报》。这份报纸在欧洲极有影响力，文章常常引起海内外舆论抗议美国政府，于是林肯便请威德出面斡旋。威德和报社老板贝内特已经数十年没有联系过，但就在他们会谈的第二天，报纸就转变了立场，坚定地站在了联邦政府这一边。

紧接着，威德又出使欧洲，因为南部分离分子在欧洲有很大的影响力，他的使命就是消除这种影响。法国是他的第一站。法国皇帝一直都支持着南部的分离分子，对美国政府封锁查理斯敦港的举动十分不满，甚至还命令法国商人不许跟美国有贸易往来。然而，威德却凭借他非同寻常的机智和智慧，说服了法国皇帝改变对美国政府的态度。后来法国皇帝原本打算在国民大会上发表敌视美国政府的讲话，但由于威德的劝说，他的讲话竟成了一个向美国表示友好的声明。紧接着，威德又马不停蹄地赶到了英国。就在他到达的时候，英国正准备出兵跟美国打仗，但因为威德的来访，舆论的态度发生了极大的转变。威德返回美国后，纽约市代表美国公众向他做出的杰出贡献表示了感谢。另外，在生意场上，威德也大获成功，是一个名副其实的实业家。

威德是一个出众的人，但他的才能也是在有着联邦作为支持时才发挥了巨大的作用，就像人在职场，有能力的同时，也要有公司提供支持和发展空间作为资本。因此，抓住机遇，让公司为自己所用，才是成功的捷径。

在平凡中追求卓越

卓越是苛求细节的具体表现，卓越并非高不可攀，只要我们认真从自己做起，从日常的每一件小事做起，并把它做细，就算是在平凡的岗位上也能创造卓越。

追求卓越是一种人生态度，是一种境界。卓越就是不放松对自己的要求，就是在别人苟且随便时自己仍然一如既往地坚持操守，这是一种高度的责任感和敬业精神。无论人才需求如何变化，是否具有追求卓越的精神始终是老板用人的一个重要标准。

卓越不是完美，因为完美会使你受挫，使你被削弱，而卓越却是一个尽其所能做到更佳，追求更高的目标。在追求卓越的过程中，你可以不断地取得更佳，不断地打破个人纪录，提高过去取得的成绩，从而让自己变得坚不可摧。

卓越很珍稀，你必须全力以赴；卓越很昂贵，但回报丰厚；卓越是真理，真理是不会被否定的。你可以掩盖卓越，忽视卓越，但无论做什么，卓越总能使你脱颖而出，上升到顶部，这就是精华法则——最优秀的将上升到金字塔顶部。

洛克菲勒是美国的石油大亨。他的老搭档克拉克这样评价他："他有条不紊和细心认真到极点。如果有一分钱该归我们，他会争取；如果少给客户一分钱，他也要给客户送去。"他就是这样从账面数字——精确到毫、厘，分析出公司的生产经营情况和弊端所在，从而有效地经营着他的石油王国。

成功最怕"卓越"二字。做事细心、严谨、有责任心，是卓越；做人坚持原则，不随波逐流，不为蝇头小利所惑，"言必信，行必果"，也是卓越；生活中重秩序、讲文明、遵纪守法，甚至衣冠整洁、举止得体，也是卓越的体现。

追求卓越的人对工作有一种非做不可的使命感，并为之孜孜不倦、乐此不疲。

他们在别人都放弃时仍坚持不懈，在所有人都认定事不可为时仍殚精竭虑。他们不仅仅维持工作或恪尽职守，更是在超越自我。

古语有云："千里之堤，溃于蚁穴。"魔鬼往往隐藏于细节之中。失败的最大祸根，就是养成了敷衍了事的习惯。而成功的最好方法，就是把任何事情都做得精益求精，尽善尽美，让自己经手的每一件事，都贴上卓越的标签。

雕塑自己最完美的职业形象

一个人的职业生涯，是他亲手制成的雕像。美丽还是丑陋，可爱还是可憎，都是由自己决定的。要在工作中创造卓越，就必须努力雕塑自己最完美的职业形象。

古希腊雕刻家菲多亚斯被委派雕刻一座雕像。当菲多亚斯完成雕像要求支付薪酬时，雅典市的会计官却以任何人都看不到劳动过程为由拒绝支付高额薪水。菲多亚斯反驳说："你错了，上帝看见了！上帝在把这项工作委派给我的时候，他就一直在旁边注视着我！他知道我是如何一点一滴完成这座雕像的。"

每一个人心中都有一个"上帝"，菲多亚斯相信自己的努力上帝看见了，同时他也坚信自己的雕像是一个完美的作品。就如同菲多亚斯一样，我们也应全心全意地投入自己的工作，将工作当成一项艺术去追求。一个人的职业生涯，是他亲手制成的雕像。美丽还是丑陋，可爱还是可憎，都是由自己决定的。要在工作中创造卓越，就必须努力雕塑自己最完美的职业形象。

弗雷德是美国邮政的一名普通邮差，然而他实现了从平凡到杰出的跨越。他的故事改变了两亿美国人的观念。

一天，职业演说家桑布恩迁至新居，邮差弗雷德前来拜访："上午好，先生！我的名字叫弗雷德，是这里的邮差，我顺道来看看，向您表示欢迎，同时也希望对您有所了解，比如您的职业。"

当得知桑布恩是职业演说家时，弗雷德问："那么您肯定要经常出差旅行了？"

"是的，确实如此，我一年有 200 来天出门在外。"

弗雷德点点头继续说："既然如此，最好您能给我一份您的日程表。您不在家的时候我可以把您的信件暂时代为保管，打包放好，等您回来时再送来。"

这简直太让人吃惊了！不过演说家说："把信放在门前邮箱里就行了，我回来时取也一样的。"

邮差解释说："桑布恩先生，窃贼经常会窥探住户的邮箱，如果发现是满的，就表明主人不在家，那您可能就要深受其害了。"

演说家想："弗雷德比我还关心我的邮箱呢！不过，毕竟在这方面，他才是专家。"

弗雷德继续说："不如这样好了，只要邮箱的盖子还能盖上，我就把信放到里面，别人就不会看出您不在家。塞不进去的邮件，我搁在房门和屏栅门之间，从外面看不见。如果那里也放满了，我就把信留着，等您回来。"

两周后，演说家出差回来，发现擦鞋垫跑到门廊一角了，下面还遮着什么东西。原来，美国联合递送公司把他的一个包裹送错了地方，弗雷德把它捡回来，送回原处，还留了张纸条。

这就是邮差弗雷德的故事，把信件放入邮箱是一件十分单调的工作，邮差弗雷德却能以如此卓越的创新精神和责任心来对待它，那么，我们也同样应该调整自己的工作态度，时刻充满活力和激情洋溢地投入自己的工作。

俗话说：三百六十行，行行出状元。各行各业都有提高自己、发挥才能的机会，关键在于自己是否用心，是否专心致志做好了本职工作，是否在工作中永远精益求精，追求完美。

艺术家在雕塑自己作品的时候，往往是全身心投入的。要提高自己的工作热情，一个行之有效的方法就是把工作当成艺术去追求。

在自己的岗位上，你的一言一行、一举一动，无论是发一个传真还是接一个电话，无论是提一个建议还是出售一件货物，都意味着自身形象的美丽或丑陋，可爱或可憎。

一个优秀的工作者无论做什么工作，都会努力避免乏味和无聊。能否用一种雕塑的精神，竭尽全力去工作，这是决定一个人日后事业成败的关键。把工作生活化，把生活艺术化，始终保持工作的兴趣和生活的乐趣，这样你就能够永远拥有健康快乐的心态，你展现给世人的就会是一个完美的形象。

打造你的个人品牌

竞争不可怕，裁员也不可怕，可怕的是没有创造个人价值——精湛的专业技能、独具特色的工作风格和高尚的人品。如果你想在竞争激烈的职场中取胜，就应该从现在开始，把自己当成一个品牌来经营。

可口可乐的老板曾经说，如果一大早醒来，可口可乐公司被大火烧了个干净，但仅凭"可口可乐"这四个字，一切就可以马上重新开始。这就是品牌的力量。

为什么巩俐在一则电视广告里笑了笑，一句话也没说，就价值 100 万元人民币？著名篮球运动员姚明，由于自己的精湛球艺而被选入 NBA，2003 年全明星首发阵容，姚明的出现为火箭队带来了空前的商机和人气。火箭队在姚明身上获得了巨大利益。姚明在 NBA 的生涯中，个人实际收入将达到或超过 1.8 亿美元，相当于 6 万工人一年的工业增加值。若用于投资，可创造 5 万多个就业机会，而围绕姚明的产业开发，将会超过 11 亿美元。这讲的就是个人品牌的价值。

如果换作你、我，能有这样的身价吗？不能！因为我们没有他们那样的品牌，所以就没有那样的身价。

你的品牌就是你的身价！美国电影明星伍迪·艾伦说，只要在工作中为人所知，那么，你就成功了 90%。对一个演员来说，这是至理名言。而对于职场来说，个人品牌同样重要。

美国管理学者华德士提出：21 世纪的工作生存法则就是建立品牌。品牌含金量越高，则人的身价越高。

不只是企业、产品需要建立品牌，个人也需要在职场中建立个人品牌。那么，个人品牌的含义是什么？

著名管理专家宋新宇博士介绍说，个人品牌就是个人在工作中显示出独特的价值。它就像企业品牌、产品品牌一样，要有知名度，更要有忠诚度。具体而言，个人品牌有几个特征：

第一，个人品牌最基本的特征是质量保障。这一点跟产品品牌一样，它体现在两方面：一方面是个人业务技能上的高质量，另一方面是人品质量。也就是说既要有才更要有德。一个人，仅仅工作能力强，而道德水平不高，是建立不起来个人品牌的。

第二，个人品牌讲究持久性和可靠性。建立了个人品牌，就说明你的做事态度和工作能力是有保证的，也一定会为企业创造较大的价值。企业使用这样的人是可以信任和放心的。

第三，品牌形成是一个慢慢培养和积累的过程。任何产品或企业的品牌不是自封的，而要经过多方检验、认可才能形成。对个人品牌而言，也不是自封的，而是被大家公认的。

第四，个人一旦形成品牌后，他跟职场的关系就会发生根本性变化。像一个企业，如果有了品牌，它做任何事就会相对容易一些。同样对个人来讲，一旦建立了品牌，工作就会事半功倍。

有了一个好的品牌，你的身价也会大大提高。当然，"冰冻三尺，非一日之寒"，个人品牌的形成是一个需要慢慢培养和积累的过程。那么，我们要如何才能从根本上塑造好个人品牌呢？没有扎实的基本功，任何技巧都是空谈，根本无法真正树立优秀的个人品牌。俗话说，万丈高楼平地起。个人品牌有了"根基"，才能有众人仰望的"高度"。所以，要塑造你的个人品牌，就必须从以下几个方面做起：

第一，个人必须切身体会到自己是个人品牌的最大受益者，并全力以赴打造个人品牌。当然，自己也有可能是个人品牌的最大受害者，个中差别就在于个人品牌的优劣。例如，我们常说，一个人在公司打工，努力做好工作的最大受益者是自己，因为这样有助于树立自己的个人品牌，赢得丰厚的薪水和广阔的职场晋升空间。但是，很多人不会这样想，老是觉得这种观念很空，个人品牌谁会看得见？职场晋升空间在哪？不如寻找机会"偷闲"，轻松轻松，至于工作，只要混得过去就可以了，而且是能混一天算一天。抱着这种态度做事，到最后只会"糊弄"了自己。个人品牌是由内而外的，是一个人素质的综合展现。努力工作，把事情做好，当时有没有人看见不是关键，短期内有没有人知道也没关系，但是长期坚持下去，自己的个人品牌形象就会渐渐被公司认可，直到最终被社会认可。很显然，当个人品牌被广泛认可的时候，个人必将是"名利双收"，个人也自然而然地成为最大的受益者。这个观念看起来简单，但要真正认识这个观念则需要一定的时间。很多人只有在职场的起起落落中，才能慢慢体会到这个观念的真谛。

第二，个人品牌必须以道德为基础。即一个人的人品决定一个人的个人品牌。人品有优劣，个人品牌形象也有优劣，但是二者不能轻易画上等号，因为人是一种善于伪装的动物，真假优劣需要认真辨别才能定论。因此，个人在树立自己的品牌时，应该努力除去自己身上的道德污点，逐步提高自己的道德水平。否则，再富有魅力的个人品牌也只是一层薄薄的窗户纸，一捅就破。

第三，个人品牌的形成要靠学习来支撑。在形成自己个人品牌的过程中，我们必须有终生学习的观念和行动。虽然很多人都在叫嚷着终生学习，很多人都会说自己明白终生学习的道理，但是，仔细观察其行为，却不能不说很遗憾，因为他们只是停留在"明白道理"的层面上，根本就没有将终生学习的理念变成日常行为。时间一长，个人的综合素质得不到实质性的提高，良好的个人品牌自然很难树立起来。

第三节　做个高效工作的执行者

在行动前设定目标

效率的提升，往往源于目标的驱动，因为有了目标才能摆脱盲目，才有进取的动力。因此，要想成为一名高效的工作者，就必须在行动之前设定你的工作目标。

现实生活中，有许多这样的人：他们标榜努力工作，勤奋学习，但却从来没有一个确定的目标，更谈不上职业规划。他们时常处于一种机械、麻木的工作状态。对他们来说，工作没有效率可言。可以毫不过分地说，他们个人的发展会因此走更多的弯路，因为一个人从平凡到卓越的前提是确定工作的目标。

世界一流效率提升大师博恩·崔西说："成功最重要的是知道自己究竟想要什么。成功的首要因素是制定一套明确、具体而且可以衡量的目标和计划。"

我们每个人都渴望成功，都渴望实现财务自由，都渴望干自己想干的事，去自己想去的地方。但是要成功就要达到自己设定的目标或是完成自己的愿望。否则，成功是不现实的。成功就是实现自己有意义的既定目标。

在这个世界上有这样一个现象，那就是"没有目标的人在为有目标的人达到目标"。因为没有目标的人就好像没有罗盘的船只，不知道前进的方向，有明确、具体的目标的人则恰好相反。

有目标未必能够成功，但没有目标的人一定不能成功。博恩·崔西说："成功就是目标的达到，其他都是这句话的注解。"现实中那些顶尖的成功人士不是成功了才设定目标，而是设定了目标才成功。

1．确定中程目标

明确可行的目标可以引发一个人的活动，提高他的执行效能。确立中程目标往往是最具挑战的方法，因为中程目标是一种更能鼓舞人，也更激励人的过程，这也是一个人能否成功的一个关键。

目标必须切实可行，不要遥不可及，应该在自己的能力范围之内。千万不要错认自己应该或是可以在一天内完成所有的事。因此，如果你想成为一个高效能的职场人士，无论做什么事，首先要立足现实，为自己制定一个可行的中程目标。美国通用公司的董事长罗杰·史密斯在进入通用之初，只是一个名不见经传的财务人员。

罗杰初次去通用公司应聘时，只有一个职位空缺，而招聘人员告诉他，工作很艰苦，对一个新人会相当困难。他信心十足地对接见他的人说："工作再棘手我也能胜任，不信我干给你们看……"

在进入通用工作的第一个月后，罗杰就告诉他的同事："我想我将成为通用公司的董事长。"当时他的上司对这句话不以为然，甚至嘲笑他自不量力，逢人便说："我的一个下属对我说他将成为通用公司的董事长。"罗杰将自己的目标逐步分解为一个个可以实现的中程目标，然后努力地逐一实现它。令他的上司没想到的是，若干年后，罗杰·史密斯真的成了世界上最大的"商业帝国"通用公司的董事长。

在我们为工作目标奋斗的过程中，不断地用中程目标激励自己是必不可少的一项内容。这时的激励，更多的是一种主观的行为，是一种内心的自我暗示。

不断地告诉自己，我的下一个目标是什么，不断为自己制定中程目标，可以让我们离自己心中的最高目标越来越近。

2．发现你内心真正的需求

你在生活中真正想要的是什么？这个问题看起来很简单，但是意义深刻，它对成功目标的制定至关重要。

要得到生活中想要的一切，当然要靠努力和行动。但是，在开始行动之前，一定要搞清楚，什么才是自己真正想要的。要打发时间并不难，随便找点什么活动就可以应付，但是，如果这些活动的意义不是你设计的本意，那你的生活就失去了真正的意义。你能否提高自己的生活品质，并且使自己满足、有所成就，完全看你能否决定自己真正需要什么，然后能不能尽量满足这些需要。

生活中最困难的一个过程就是要搞清楚我们自己究竟想要什么。大多数人都不知道自己真正想要什么，因为我们不曾花时间来思考这个问题。面对五光十色的世界和各种各样的选择我们更不知所措，所以我们会不假思索地接受别人的期望来定义个人的需要和成功，社会标准变得比我们自己特有的需求还要重要。

我们总是太在意别人对我们的期望，以致我们下意识地接受了别人强加于我们的种种动机，结果，努力过后才发现自己的需求一样也没能满足。

更复杂的是，不仅别人的意见影响着我们的欲求，我们自己的欲求本身也是变化莫测的。它们因为潜在的需要而形成，又因为不可知的力量而变化。我们经常得到过去十分想要的，而现在却不再需要的东西。

如果有什么原因使我们总是得不到自己想要得到的东西的话，这个原因就是你并不清楚自己到底想要什么。就像在大海中航行，如果你不知道目的地是哪里，就只好遭受漂泊迷失之苦了。所以，在你决定自己想要什么、需要什么之前，不要轻易下结论，一定要先做一番心灵探索，真正地了解自己，把握自己的目标。只有这样，你才能在生活中满意地前进。

3. 确定目标要尽可能地超越自己

定位决定人生。从某种意义上来说，一个人对自己将来有什么样的预期，他就会有什么样的人生。

提到 2001 年的亚洲首富孙正义，我们大家可能都不陌生。23 岁那一年，他得了肝病，在医院住院期间，他读了 4000 本书，每年读了 2000 本书。他大量地阅读，大量地学习。在出院之后，他写了 40 种行业规划，但最后选择了软件业。事实上，他的选择是对的，软件行业使他成为亚洲首富。

选好行业之后，他开始创业。创业初期，条件艰苦，他的办公桌是用苹果箱拼凑而成的。他招聘了两名员工。有一次，他和两名员工一起分享他的梦想，他说："我 25 年后要赚 100 兆日币，成为亚洲首富。"这是孙正义的梦想，但在两名员工看来却是件不可思议的事情。他们对孙正义说："老板，请允许我们辞职，因为我们不想和一位疯子一起工作。"事实上，孙正义的梦想实现了，他成为亚洲首富。

每个人对自己的未来都有一个定位，这个定位的高度直接决定着我们人生的高度。因此，当我们在为自己设定目标的时候，要尽量地超越现在的自己。你可以像上文中的孙正义那样，先为自己设立一个美好而远大的梦想，然后全心全意去做。

在这里，我们要注意一点就是不要为自己的梦想设限，但这并不意味着你可以脱离现实。孙正义在规划自己梦想的时候也是建立在大量地阅读、不断地思考和学习的基础上的。

查斯特·菲尔德爵士指出：有限的目标会造成有限的人生，所以在设定目标时，要尽量超越自己。只有在精彩目标的指引下，我们才能够充分激发出自身的潜能，拥有高效能的工作和生活。

合理安排出效率

高效地工作，从一定意义上来说，也就是要合理安排好自己的工作计划。这样，它将大大节省你的时间和精力，并有利于你工作的开展。

管理学著作《有效的经理》一书中有这么一句话："我赞美彻底和有条理的工作方式。一旦在某些事情上投下了心血，就可以减少重复，开启了更大和更佳工作任务之门。"

培根也说过："选择时间就等于节省时间，而不合乎时宜的举动则等于乱打空气。"没有一个合理有序的工作秩序，必然浪费时间，要高效地工作就更不可能了。试想一个搞文字工作的人资料乱放，就是找个材料都会花半天时间，哪有效率可言？

为了使工作高效有序，就要明确每年、每季度、每月、每周、每日的工作及工作进程，并通过有条理的连续工作，来保证正常速度执行任务。在这里，为日常工作和下一步进行的项目编出目录，不但是一种不可估量的时间节约措施，也是提醒人们记住某些事情的手段，可见，制定一个合理的工作日程是多么重要。

工作日程与计划不同，计划在于对工作的长期计算，而工作日程表是指怎样处理现在的问题。比如今天还有明天的工作，就是逐日推进的计划。有许多人抱怨工作太多又杂乱，实际是由于他们不善于制订日程表，无法安排好日常工作，有时候反而抓住没有意义的事情不放，被工作压得喘不过气来。

法国作家雨果说过："有些人每天早上预定好一天的工作，然后照此实行。他们是有效地利用时间的人。而那些平时毫无计划，靠遇事现打主意过日子的人，只有'混乱'二字。"

在明确工作目的和任务后，能不能实现就在于能否合理而有秩序地组织工作。

组织工作要做好选择的工作，剔除那些完全没有什么价值或者只是意义很小的工作，接着再排除那些虽有价值但别人干更适合的工作，最后再剔除那些以后再做也不迟的工作。对付这些区分出来的工作，你可以采取化繁为简的工作方法加以处理。

美国威斯门豪斯电器公司前董事长唐纳德·C.伯纳姆在《提高生产率》一书中提出提高了效率的原则：在每做一件事情时，应该问三个"能不能"："能不能取消它？能不能把它与别的事情合并起来做？能不能用更简便的方法来取代它？"

在这个原则的指导下，善于利用时间的人就能把复杂的事情简单化，办事效率有很大提高，不至于迷惑于复杂纷繁的现象，处于被动忙乱的局面。无论在工作中，还是在生活中，为了提高效率，就必须决心放弃不必要或者不太重要的部分，并且把重要的事情也进行有序化。

实际上，有序原则是时间管理的重要原则，正确地组织安排自己的活动，首先就意味着准确地计算和支配时间，虽然客观条件使得你一时难以做到，但只要你尽力坚持按计划利用好自己的时间，并就此进行分析总结并采取相应的改进措施，你就一定能赢得效率。

总之，要明确自己的工作是什么，并使工作组织化、条理化、简明化。这样，就能最有效地利用时间，让你的合理安排生出效率来。

处理工作分清轻重缓急

我们在工作中常常会遇到千头万绪、十分繁杂的情况，往往会被这些情况弄得晕头转向、不辨东西。这时分清工作中的轻重缓急，找到其中最迫切需要解决的问题，并且集中力量解决它，是最该做的事。

帕累托定律告诉我们：应该用80%的时间做能带来最高回报的事情，而用20%的时间做其他事情。我们要牢牢记住这个定律，并把它融入工作当中，对最具价值的工作投入充分的时间，否则你永远都不会感到心安，你会觉得自己陷入了一场永无休止的赛跑，而且永远也赢不了。

我们在工作中常常会遇到千头万绪、十分繁杂的情况，往往会被这些情况弄得晕头转向、不辨东西。这时分清工作中的轻重缓急，找到其中最迫切需要解决的问题，并且集中力量解决它，是最该做的事。

创办遍及全美的事务公司的亨瑞·杜哈提指出，不论他出多高的薪水，都不可能找到一个同时具有两种能力的人：第一，有思想；第二，能按事情的轻重缓急来做事。这种说法虽然有些夸张，却也间接地反映出良好的工作习惯的确是被很多人忽略的。

查尔斯·卢克曼，一个默默无闻的人，在12年内变成了培素登公司的董事长，并且每年会得到20万美元的薪金，另外还有100万美元的不定向分红。他是怎么成功的呢？他说他的成功原因是他具有亨瑞·杜哈提所说的几乎不可能同时具备的那两种能力。卢克曼说："就我记忆所及，我每天早上5点钟起床，因为那时我的头脑要比其他时间更清醒。这样我可以比较快地计划一天的工作，按事情的重要程度来安排做事的先后次序。"

如果你养成了根据工作的重要性来组织和行事的习惯，你就能把工作逐一归类，合理地支配时间。做最重要的工作，那么你就将不再为繁忙的工作所累，也不会再因为在无多大意义的事上浪费时间而后悔了。

也就是说，凡事都有轻重缓急，重要性最高的事情，不应该与重要性最低的事情混为一谈，应该优先处理。大多数重大目标无法达到的主因，就是因为你把大多数时间都花在次要的事情上。所以，你必须学会根据自己的核心价值，排定日常工作的优先顺序。建立起优先顺序，然后坚持这个原则，并把这些事项安排到自己的例行工作中。

"分清轻重缓急，设计优先顺序"，这是管理时间的精髓，我们必须好好把握，以此来不断提高我们的工作效率。

高效地搜集消化信息

信息就是资历，信息就是竞争力，一个人如果能及时掌握准确而又全面的信息，也就等于掌握了竞争的主动权。

当今世界是一个以大量资讯作为基础来开展工作的社会。在商业竞争中，对市场信息尤其是市场关键信息把握的及时性与准确性，对竞争的成败有着特殊的意义。

因此，对于一名高效能人士来说，行业最新动态、市场现状与发展趋势、相关领域最新技术的动向、交易前沿的最新情况、企业内部其他部门相应工作进度等资讯，他都必须要设法了解。缺乏所需信息情报，工作就难以进行下去。例如，我们在制订计划时，只有尽可能多地拥有信息情报，才能更大程度地使计划完备周详，使错误出现的概率降到最低。

另外，在现代职场中，公司内部员工之间的竞争也是越来越激烈。及时、准确地掌握信息，对赢得竞争也十分重要。信息就是资历，信息就是竞争力，一个人如果能及时掌握准确而又全面的信息，他就等于掌握了竞争的主动权。

我们在工作中面临的一个现实是：一方面知识更新速度很快，社会资讯泛滥，到处充斥着这样那样的信息；另一方面，总是感觉到工作上所需要的资讯相对难求。有些企业，尤其是大型企业对资讯的收集、管理和使用都比较混乱，没有一套系统的方法。以至于有时候获取了很好的情报，但由于错过了最佳使用时机而失去了其应有的价值。

一个高效能人士应当养成高效地搜集消化信息的习惯。当你真的感到自己在工作时缺乏信息，不要像有的员工那样，抱怨"公司的资讯没能很好地流通，我得不到应有的信息支持"。

因为说出这样的话，就表示你没有主动地去搜集资讯信息，而是坐在那里被动地等待别人来提供信息给你。当你确实需要资讯时，必须要主动地去搜集。

1. 要善于捕捉有用信息

在信息社会，每一个人都在扮演着两个基本角色，即信息传递者和信息接受者。信息就像人们讲："吃过了吗？""吃过了。"之类的寒暄话一样自然而平常。但在这"自然而平常"之中，却有着许许多多的道理和学问，关键就是看你是否善于捕捉和利用信息。

职场中总有些人不去自动自发地搜集信息，而只是坐在那里等着信息传达到他们手上。持这种守株待兔的态度，是无法成为一名善于、搜集消化信息的高效能人士的。

要学会捕捉有用的信息，就应该注意收集、发现和开发信息。上海一家食品制造业，因信息不畅而举步维艰。他们投入资金请一位知名的咨询专家王博士为他们提供具体可行的发展信息。

王博士接受委托后，立即着手对当地的垃圾进行研究。这在一般人看来与信息毫无关联，但王博士就是在垃圾堆里为这个企业找到了有用的信息。

王博士对当地的垃圾进行了较长时间的分析研究。他与助手一道，从每天收集上来的垃圾堆中挑出数袋，然后把垃圾的内容依其原产品的名称、重量、数量、包括形式等予以分类，如此反复，进行了近一年的研究分析。

王博士说："垃圾绝不会说谎和弄虚作假，查看人们所丢失的垃圾，往往是比调查市场更有效的一种行销研究方法。"他通过对垃圾的研究，获得了相关当地食品消费情况的信息：

比如，劳动者阶层所喝的进口啤酒没收入高阶层多，并知道所喝啤酒中各种牌子的比例；中等阶层人士比其他阶层消费的食物更多，因为双职工都因为上班而没有时间处理剩余的食物。

王博士还通过对垃圾内容的分析，准确地了解到人们消费各种食物的情况，并得知减肥清凉饮料与压榨的橘子汁属于高阶层人士的消费品。

后来，这家企业根据王博士所提供的信息制定经营决策，组织生产，结果大获成功。

2．要对事物保持敏感

事实证明，那些事业上成功的人，往往对任何事情都抱有好奇心，在搜集信息时，也自然能对事物保持一定的敏感度，以便捕捉到对自己有用的信息。

吉兵曾是南方一家公司的小职员，平时的工作是为老板干一些文书工作，跑跑腿、整理整理报刊材料。这份工作很辛苦，薪水又不高，他时刻琢磨着想个办法赚大钱。

有一天，他从报纸上看到这样一条介绍美国商店情况的专题报道，其中有一段提到了自动售货机。上面写道："现在美国各地都大量采集自动售货机来销售货品，这种售货机不需要雇人看守，一天 24 小时可随时供应商品，而且在任何地方都可以营业，给人们带来了许多方便。可以预料，随着时代的进步，这种新的售货方法会越来越普及，必将被广大的商业企业所采用，消费者也会很快地接受这种方式，前途一片光明。"

吉兵开始在这上面动脑筋，他想："当时自己所处的地区还没有一家公司经营这个项目，可将来也必然会迈入一个自动售货的时代。这项生意对于没有什么本钱的人最合适。我何不趁此机会去钻这个冷门，经营此新行业？至于售货机里的商品，应该搜集一些新奇的东西。"

于是，他就向朋友和亲戚借钱购买自动售货机，共筹到了 30 万元，这笔钱对于一个小职员来说可不是一个小数目。他以一台 1.5 万元的价格买下了

20 台售货机，设置在酒吧、剧院、车站等一些公共场所，把一些日用百货、饮料、酒类、报纸杂志等放入其中，开始了他的新事业。

吉兵的这一举措，果然给他带来了大量的财富。当地人第一次见到公共场所的自动售货机，感到很新鲜，因为只需往里投入硬币，售货机就会自动打开，送出你所需要的东西。一般，一台售货机只放入一种商品，顾客可按照需要从不同的售货机里买到不同的商品，非常方便。吉兵的自动售货机第一个月就为他赚到 100 多万元。他再把每个月赚的钱投资于自动售货机上，扩大经营规模。5 个月后，吉兵不仅早已连本带利还清了借款，而且还净赚了近 2000 万元。

正是一条有用的信息，造就了一位新富翁。信息时代，这样的富翁不止吉兵一个。因此，我们应当时刻保持对信息的敏感，只有这样才能时刻领先别人一步，成为一名善于把握信息的高效能人士。

3. 要培养搜集信息的好习惯

高效能人士应当养成高效搜集、消化信息的好习惯，那么，我们应当从哪些方面着手培养这些好习惯呢？

(1) 主动去关心信息。高效能人士应当主动去"关心"信息，因为这是搜集信息的一个好方法。例如，在大街上，当你听到消防车喇叭声大作时，你会问"哪里失火了？哪里出现了紧急情况吗？"只有主动询问，你才能立刻了解到哪里出现了事故。当看到街头围了一大群人，你要走上前挤进去，才能看得见那里发生了什么事。因为，要掌握一件事情的真相，光有好奇心是不够的，还要尽可能地亲身经历或亲眼所见。要搜集资讯，就必须主动出击，抢先获取第一手资料。

(2) 建立个人信息网络。建立个人信息网络的重要性在于，当你想要哪一类资讯时，你立刻可以找到能提供这方面信息的人；当你想得到最具权威性的资料时，马上有人为你提供最为科学的建议。怎样来建立你的信息网络呢？可以先以你的知交良朋、同一母校的校友、同时进入公司的同事、上各类培训班时认识的学员、同行业里认识的朋友为基础，逐渐扩大你的信息网络。若善加利用，这个网将是你一生中最为宝贵的财富之一。

(3) 要善于"套"情报。用对信息的保密程度来划分，人不外乎两类：缄默型和主动传播型。当知道一项内部资讯时，主动传播型的人，不用你去问，他都会跑来告诉你整个事情的始末，并且会添油加醋。而缄默型，则会三缄其口，不随意传话。

对缄默型的人，你要想办法从他们的嘴里"套"出话来。你不能开门见山，要旁敲侧击。

而对主动传播型，无论他跟你说什么，你都要很有兴趣地听完它，而不要对自认为有价值的就认真听，觉得没用的就提不起精神。否则，以后他就不会再告诉你什么东西了。

（4）不要随便传播所得情报。一般，在对方信任你的情况下，才会告诉你内部参考、内幕消息和独家机密，而且他们往往都会叮嘱你"千万不要告诉别人"。如果你把这些别人不知道的事情随便告诉了其他人，一旦传到了当初告诉你的那个人耳中后，以后你再也不能从他那里得到什么有价值的资讯了。

将困难问题分解

工作中，遇到困难是常有之事，而战胜困难的关键就是善于将困难的工作分解，把大问题化作小问题，学会分阶段、分层次处理问题，从而把"不可能"变成可能。

刚当上部门经理不到 3 个月的刘涛，就被公司董事会提拔为副总经理了。他就职的公司是一家成长型的公司，发展很快。他主管的业务特别繁杂。几个月下来，他瘦了很多，还因劳累过度住过一次院。

他每天加班加点，可是工作压力不但没有减少，反而越来越大。他十分痛苦，经常向朋友诉苦："我实在干不了啦。每天一进公司，脑袋里就塞满了各种信息与想法，乱成一团，无法理清。回到家，又睡不着，还是一团乱麻。再这样下去，我非疯了不可。"他甚至想：要不，干脆辞职算了。

刘涛的问题，很多职场中的人都遇到过，尤其对于那些刚刚担任新岗位领导的人，感受更为明显。

那么如何解决这种紧张的工作状态呢？

一个人肯定一次吃不了一匹骆驼，但如果一次吃一点，不要太久也会消灭光。也就是说，在工作中遇到问题时，要学会分阶段和分层次处理，那样就能达到事半功倍的效果。

所谓分阶段，实际上就是把问题在过程中逐步量化进行处理解决。

很长一段时期内，科学家们认为火箭肯定到不了月球。因为经过计算，一枚宇宙火箭要到达月球，自重至少要达到 100 万吨。按这种重量，火箭是不可能上天的。但后来，有科学家提出"分级火箭"的概念，即将火箭分成几级，当第一级的火箭将其他火箭送到大气层外，即自行脱落，减少重量，其他火箭可以轻松地向月球逼近。由于分阶段处理，使人类的登月计划由不可能成为可能。

另外，有时候我们碰到的问题无法局限在某一个层次处理，但分成不同层次就好解决了。

1872 年，"圆舞曲之王"约翰·施特劳斯来到美国演出。当地有关团体立即来访，请求他在波士顿指挥一场音乐会，施特劳斯答应了。但谈演出计划的时候，他被这个规模惊人的音乐会吓了一跳。

原来美国人想创造一个世界之最：由施特劳斯指挥一场有 2 万人参加演出的音乐会。而一个指挥家一次指挥几百人的乐队就是一件很不容易的事了，何况是 2 万人？

施特劳斯想了想，居然答应了。到了演出那天，音乐厅里坐满了观众。施特劳斯指挥得非常出色，2 万件乐器奏起了优美的乐曲，观众听得如醉如痴。

原来，施特劳斯担任的是总指挥，下面还有 100 名助理指挥。总指挥的指挥棒一挥，助理指挥紧跟着相应指挥起来，2 万件乐器齐鸣，合唱队的和声响起。

由此可见，"分"是一种大的智慧，它不仅能够帮助我们解除心理上的压力，还能帮助我们将难解决的问题高效地加以解决。

1968 年春，罗伯·舒乐博士立志在加州用玻璃建造一座水晶大教堂。他向著名的设计师菲力普·强生表达了自己的构想："我要的不是一座普通的教堂，我要在人间建造一座伊甸园。"

强生问他的预算，舒乐博士坚定而坦率地说："我现在一分钱也没有，所以 100 万美元与 400 万美元的预算对我来说没有区别，重要的是，这座教堂本身要具有足够的魅力来吸引人们捐款。"

这座水晶大教堂最终的预算为 700 万美元。700 万美元对当时的舒乐博士来说是一个不仅超出了他的能力范围也超出了他的理解范围的数字。

当天夜里，舒乐博士拿出一页白纸，在最上面写上"700 万美元"，然后又写下了 10 行字：

（1）寻找 1 笔 700 万美元的捐款。

（2）寻找 7 笔 100 万美元的捐款。

（3）寻找 14 笔 50 万美元的捐款。

（4）寻找 28 笔 25 万美元的捐款。

（5）寻找 70 笔 10 万美元的捐款。

（6）寻找 100 笔 7 万美元的捐款。

（7）寻找 140 笔 5 万美元的捐款。

（8）寻找 280 笔 2.5 万美元的捐款。

（9）寻找 700 笔 1 万美元的捐款。

（10）卖掉 1 万扇窗户，每扇 700 美元。

60 天后，舒乐博士用水晶大教堂奇特而美妙的模型打动了富商约翰·可林，他捐出了 100 万美元。

第 65 天，一对倾听了舒乐博士演讲的农民夫妻捐出 1000 美元。

第 90 天时，一位被舒乐博士孜孜以求精神所感动的陌生人，在生日的当天寄给舒乐博士一张 100 万美元的银行本票。

8 个月后，一名捐款者对舒乐博士说："如果你的诚意和努力能筹到 600 万美元，剩下的 100 万美元由我来支付。"

第二年，舒乐博士以每扇 500 美元的价格请求美国人订购水晶大教堂的窗户，付款办法为每月 50 美元，10 个月分期付清。6 个月内，1 万多扇窗户全部售出。

1980 年 9 月，历时 12 年、可容纳 10000 多人的水晶大教堂竣工，这成为世界建筑史上的奇迹和经典，也成为世界各地前往加州的人必去瞻仰的胜景。

水晶大教堂最终造价为 2000 万美元，全部是舒乐博士一点一滴筹集而来的。

现实中很多目标乍一看就像梦一般遥不可及，然而只要我们本着从零开始、点点滴滴去实现的决心，有效地将难题分解成许多板块，就将会大大提高我们去攻克难关的信心、能力和效率，最终将难题解决，将目标实现。

第一次就把事情做对

"第一次就把事情做对"，是著名管理学家克劳士比"零缺陷"理论的精髓之一，它是一种精益求精的工作态度。同时，当你第一次就把事情做到位了，你的工作效率就会相应提高。

一次工程施工中，师傅们正在紧张地工作着。这时一位师傅手头需要一把扳手。他叫身边的小徒弟："去，拿一把扳手。"小徒弟飞奔而去。他等啊等，过了许久，小徒弟才气喘吁吁地跑回来，拿回一把巨大的扳手说："扳手拿来了，真是不好找！"

可师傅发现这并不是他需要的扳手。他生气地说："谁让你拿这么大的扳手呀？"小徒弟没有说话，但是显得很委屈。这时师傅才发现，自己叫徒弟拿扳手的时候，并没有告诉徒弟自己需要多大的扳手，也没有告诉徒弟到哪里去找这样的扳手。自己以为徒弟应该知道这些，可实际上徒弟并不知道。师傅明白了：发生问题的根源在自己，因为他并没有明确告诉徒弟做这项事情的具体要求和途径。

第二次，师傅明确地告诉徒弟，到某间库房的某个位置，拿一个多大尺码的扳手。这回，没过多久，小徒弟就拿着他想要的扳手回来了。

要想把事情做对，就要让别人知道什么是对的，如何去做才是对的。在给出做某事的标准之前，我们没有理由让人按照自己头脑中所谓的"对"的标准去做。

无论做什么事，都要一步到位，半到位又不到位是最令人难受的。在我们执行工作的过程中，"第一次就把事情做对"是一个应该引起足够重视的理念。如果这件事情是有意义的，现在又具备了把它做对的条件，为什么不现在就把它做对呢？

"第一次就把事情做对"是一种精益求精的工作态度。然而许多人做事不求精益求精，只求差不多。尽管在表现上看来，他们也很努力、很敬业，但最终结果却总是无法令人满意。

时间管理专家常常告诫工作中的人们："永远不要'随手'把东西暂时先放在那里，即'别把东西放下，而要把东西放起来。'不这么做的话，就意味着第一次没有把工作做完，过一会儿就至少得做两次了。"

当人们被要求"第一次就把事情做对"时，许多人会反驳："我很忙。"因为很忙，就可以马马虎虎地做事吗？其实，返工的浪费最不值得。第一次没做好，再重新做费时又费力。

有位广告部经理曾经犯过这样一个错误，由于完成任务的时间比较紧，在审核广告公司回传的样稿时不够仔细，在发布的广告中弄错了一个电话号码——服务部的电话号码被广告公司打错了一个数字。就是这么一个小小的错误，给公司带来了一系列的麻烦和损失。后来因为一连串偶然的因素使他发现了这个错误，他不得不耽误其他的工作并靠加班来弥补。同时，还让上司和其他部门的同事陪他一起忙了好几天。幸好错误发现得及时，否则造成的损失必将进一步扩大。

第一次没把事情做对，不仅会给自己的工作带来很大的麻烦，还会给上司和同事带来工作上的不便，严重时还会给公司的经济利益与信用造成损害。因此，只要在工作完成之前想一想出错后可能会给自己以及所在的公司带来的麻烦、造成的损失，就应该能够理解"一次就把事情做对"这句话的重要性。

最理想的任务完成期是昨天

最理想的任务完成期是昨天。一个总能在"昨天"完成工作的人，永远是成功的。其所具有的不可估量的价值，将会征服任何一个时代的老板。

"今日复今日，今日何其少，今日又不为，此事何时了？人生百年几今日，今日不为真可惜，若言姑待明朝至，明朝又有明朝事。"在这首著名的《今日歌》中所表达的意思就是今日事必须今日毕。作为一名优秀的员工，更应该明白这个道理。

某公司老板要赴国外公干，而且要在一个国际性的商务会议上发表演说。于是他身边的几名工作人员忙得头晕眼花，要把他所需的各种物件都准备妥当，包括演讲稿在内。

在老板出差的那天早晨，各部门主管都来送行。有人问其中一个部门主管："你负责的文件打好了没有？"

对方睁着惺忪睡眼，道："今早只睡了4小时，我熬不住睡着了。反正我负责的文件是用英文撰写的，老板看不懂英文，在飞机上不可能看。待他上飞机后，我回公司去把文件打好，再以电讯传去就可以了。"

谁知，老板驾到后，第一件事就问这位主管："你负责预备的那份文件和数据呢？"这位主管按他的想法回答了老板。老板闻言，脸色大变："怎么会这样？我已计划好利用在飞机上的时间，与同行的外籍顾问研究一下自己的报告和数据，不能白白浪费坐飞机的时间啊！"

闻言，这位主管的脸色一片惨白。

最理想的任务完成日期是昨天。这一看似荒谬的要求，是保持恒久竞争力不可或缺的因素，也是唯一不会过时的东西。一个总能在"昨天"完成工作的人，永远是成功的。其所具有的不可估量的价值，将会征服任何一个时代的老板。

比尔·盖茨说："过去，只有适者能够生存；今天，只有最快处理事务的人能够生存。"

尤其是在 21 世纪的今天，整个社会正在以惊人的速度快速发展着。大至公司，小至员工，要想立于不败之地，都必须奉行"把工作完成在昨天"的工作理念。作为老板，百分百是心急的人，为了生存，他们不容许一分一秒的浪费。任何一个老板，都不能长期容忍做事拖延的员工。

优秀的人才从不拖延，在日常工作中，他们知道自己的职责是什么，在上司交代工作的时候只有两句话。一句话是："是的，我立刻去做！"另一句话是："对不起，这件事我干不了。"某件工作能做就立刻去做，不能做就立刻说出自己不能做，拖延与优秀员工无关。

任何事情如果没有时间限定，就如同开了一张空头支票。只有懂得用时间给自己制造压力，才能按时完成任务。所以，你最好为某一工作定出较短的时间，不要把工作战线拉得太长，要在最短的时间内完成某项任务，当然，也要保证完成工作的质量。否则，你对待那些困难或者轻松的工作就会产生惰性，因为没有期限，或者由于期限较长，你就会感觉可以以后再做。如果你只是从工作而不是从可用的时间上去着想，就会陷入一种过度追求完美的危机之中。你会主次不分，且又安慰自己已经把某项工作做得很完美，而这项工作往往并不重要。这样做的结果只能是把主要的目标落空了。

任何人要想在职场中脱颖而出，最有效的方法，就是让手中的工作完成在"昨天"。对老板交代的工作，要在最短的时间内进行处理，争取把工作早点完成，给公司带来效益。

切记，千万不要把昨天就能完成的工作拖延到今天，不要愚蠢地等到老板开口说"你什么时候才能做完那件事"时，才开始寻找各种借口，并匆忙上阵，仓促处理未完的工作。

所以，当你的老板向你提出了苛刻的工作期限时，不要反驳，更不要抱怨。将心比心，如果你是老板，一定会希望员工能像自己一样，将公司当成自己的事业，勤奋、努力、积极主动地工作，以让工作在最短时间内有效完成为目标。因此，假如你渴望成功，那么，就以老板苛刻的工作期限为基础，主动给自己再制定一个新的工作期限吧。

最后还要记住，新工作期限一定要比老板提出的还要苛刻！

第三章

金钱：做金钱的主人

　　金钱是别人认为我们的时间和精力所具有的价值的具体体现，也是我们认为"可以购买的东西"所具有的价值的具体体现。花钱就是用过去劳力的成果或预支的将来的时间作为交换，以改善我们自己和他人现在和将来的生活质量。我们要正确对待金钱，做金钱的主人，主动管理金钱、支配金钱，让金钱为不断提升我们的生活质量而服务。

第一节 财富折射着至高的人生哲学

金钱不等于成功

金钱不是衡量成功的唯一标准，许多伟大的成功者都已告诉我们：人虽然要看重金钱，但更要看重做人的成就感。一个人成功的标准并不在于他得到多少，而在于他付出了多少。

成功不是用金钱来衡量的，富有的人并不都懂成功的艺术。面对金钱，许多人都想在狂热的梦想中等待成功，但他们却不懂得一个基本的原理，那就是金钱不是衡量成功的唯一标准。富人虽然看重金钱，但是更看重做人的成就感。一位著名的富豪曾经这样说："工人的工资是按工作能力或工作效果支付的，然而，人们的成就绝不是以银行存款来衡量的。"多少伟大的成功者，他们并不是富豪，而且穷得可怜。印度伟大的政治家甘地，死后留下的遗产只是两只饭碗、两双拖鞋、一副眼镜和一块老式怀表而已。海伦·凯勒，这位成功者的典范，她克服了先天的障碍，以实际行动证明了盲聋之人并非毫无前途，从而给了千千万万如她一般的人以生活的勇气，使他们得到启发，不再消沉，但她却并不富有。圣弗兰西斯曾影响过多少王族统治者、高僧圣者、艺术家，以至凡夫俗子，就连今天，他死后700年，其影响力仍然深植人心，他可算是最有成就的穷人了。

那么，怎样成为一个成功的富人呢？学者威廉·詹姆斯总结出三条经常被人引用的箴言。

第一条箴言是：在形成一种新习惯或摒弃一种旧习惯的过程中，我们都必须使自己在开始时具有尽可能强烈的和坚定的积极主动精神。利用所有那些能强化新的行为方式的因素；创设与旧的行为方式不相容的约束办法；如果情况允许，公开做出保证。简而言之，要利用你所知道的一切手段，维护你的决定。

第二条箴言是：永远不容许一次倒退发生，直到新的习惯牢牢地扎根在你的生活中。每一次失误就像让一团仔细缠绕起来的线脱落一样，而一次脱落往往需要再次缠绕很多圈才能恢复原样。

在一开始就确保成功是绝对必要的。一开始的失败往往会消极地影响到今后所做的一切努力。反之，过去的成功经历能激发今后的努力。

第三条箴言可以加在前面两个上面：要抓住每一个可能的机会去实践你的决心，并使自己获得鼓舞。这种鼓舞是你在获得你所渴望获得的习惯的过程中可以感受到的。只有在决心和渴望产生动力效果的时候——而不是在它们形成的时候——它们才会向大脑传递一种新的"定向"。

无论一个人掌握的箴言怎样丰富，也不管他的见解有多么好，如果不利用每一个具体的时机去行动的话，他的性格恐怕永远也不会向更好的方面转变。仅有好的愿望是不能改变旧习惯的。

这一大段话已把道理说得十分透彻，我们可从中找到足够的依据来支持自己的决定。

一个人成功的标准不在于他得到多少，而在于他付出多少。而根据成功富人们的观点，要使自己的事业成功，必须具备以下几个要素：

（1）发掘自己独到的才智。人的才智各不相同，正如我们生来就有不同的指纹，每个人从事的职业可以相同，然而，他的才能却是他一个人独具的。

爱默森曾说过："每个人都有他自己的使命，他的才能就是上天给他的召唤……做某些事情娴熟自如，也容易把某些事情做好，说不定这事是别人做不好的……一个人的抱负也会与自己的能力相当，而巅峰的高度，正和基础的高度成正比。"

发掘出你独具的才能，这是必要的一步，如果一味地人云亦云，鹦鹉学舌，没有主见和自断能力，那么即使表面上的成功也掩饰不了那极大的失败。

（2）诚实。每个人的思想中，都具有比不撒谎、不行骗、不偷盗更积极的道德观。莎士比亚说："你若对自己诚实，日积月累，就无法对人不忠了。"斯科特说："我一开始撒谎，就陷入了紊乱的网格里！"

（3）热忱，以饱满的热情去迎接新的一天。

（4）不要让你所拥有的东西占据了你的思想情感。

（5）不要过于忧虑。

（6）不要留恋过去。

（7）尊重别人，而不要轻视任何人。

（8）承担起对世界的责任。

掌握了这八点要素，就掌握了成功的艺术，你的事业将会兴旺发达。

拥有金钱并不意味着幸福

拥有金钱不等于拥有幸福，金钱与幸福并没有必然的联系。金钱不是万能的，幸福的人生不能靠金钱打造。

幸福是人生活追求的最终目标。我们征服自然，我们奋斗、创造、发明、工作，所追求的最终结果都是为了享受生活的幸福与快乐。

但是，长期以来，人们一直以为金钱是幸福与快乐的源泉，更有甚者认为金钱本身就是幸福。抱有这种观念的人，实则没有搞清楚金钱与幸福的关系。金钱对我们而言，永远是工具而不是目的，只是我们实现目的的手段而已。有金钱并不等于就有幸福。金钱与幸福并没有必然的联系。拥有金钱的人不一定拥有幸福，没有金钱的人不一定没有幸福。

鹿特丹的社会学家们的研究结果认为，最幸福的人是冰岛人，他们从来体会不到在骄阳似火的天气里不得不工作的不幸。但是伦敦经济学院的研究者们却说："孟加拉国人才是最幸福的人，因为收入和生活质量远远未达到高度'饱和值'，他们对未来永远有美好的憧憬。"也许这才是真正的幸福。因为"穷人的世界是没有记忆的。心灵一天天地被工作和忧虑耗蚀着，在疲惫的重压下，他们迅速地忘却一切。只有富人才会追忆逝去的旧时光。"

看来全世界的人们都认识到了这一点，那就是，金钱不能买来幸福。

古希腊有这样一个神话，它向我们深刻地说明了金钱与幸福的关系。

古希腊一个国王迈得斯，他是一个贪婪的人，他爱金子胜过任何其他的东西。

一天，他乞求上帝赐给他更多的金子。上帝答应了并说："好吧，明天早上你所碰到的所有东西都会变成金子。"迈得斯国王听到这话，高兴极了，"我就要变成世界上最富有的人啦！"他禁不住自言自语道。

第二天他很早就起床了。他碰了一下床，床变成金的。他要穿衣服，一摸，衣服变成金的。迈得斯欣喜若狂。

迈得斯很喜欢花儿，他有一个漂亮的花园，常去赏花。这天天气晴朗、阳光明媚，玫瑰花开得十分妖艳。这位国王摘下一朵，可花儿却在他手中变成了金的。他又摘下一朵，结果还是一样。他一碰，花儿就变了，他很难过。因为他很喜欢玫瑰五颜六色的丰富色彩。

这位国王回去吃早餐。他端起一杯牛奶，牛奶马上变成了金子。他又拿起一片面包，面包也变成了金子。这下迈得斯国王可不那么高兴了。成为这个世界最富有的人虽是件令人高兴的事，可是他还饿着肚子呢。他不能吃金子，也不可能喝金子羹。

迈得斯又回到花园，他的小女儿，他慈爱地吻了吻女儿，她一下子变成了一尊金像。

迈得斯难过极了，他回到王宫，眼里噙满泪水，他乞求上帝解除他的点金术。

他说："我真蠢，爱金子爱得头脑发昏。请把我的金子全都拿走，把女儿还给我吧！"

"到你花园附近的河里去洗洗手，河水就会把点金术洗掉。"上帝说。

迈得斯到河边洗了手，急忙跑到变成金像的女儿那里。他又吻了她一下，于是她又变成他那漂亮的小女儿了。

金钱虽与幸福没有必然的联系，但金钱却会谋杀幸福。我们都知道，财富基础是生活稳定的美好前提，但是我们要清楚，财富数目是永远没有止境的，一旦我们开始狂热地追求财富，则很容易迷失方向。

当我们过分迷恋金钱时，金钱就会使人性变得畸形，它就像一个理智的杀手一样，把人引诱到一个可怕的竞争中，并残忍地斩断亲情、友情和爱情。

金钱并非一位万能的神明，只是我们获取美好生活的一种手段。过分地执迷于金钱，人的情感就会变得冷漠，过分追逐金钱，人就会产生妒忌和猜疑。所以，我们应正视金钱，别让金钱谋杀了我们的幸福。

金钱不能赐予你完整的人生

金钱仅仅是为目标而奋斗的产物。贪图在一夜之间就能发大财，是不现实的，如有这种念头，那就无异于将自己推入深渊而无法自拔。仅仅崇拜金钱是毫无意义的，你应该而且必须明白：金钱并不能赐予你完整的人生。

不得不承认，金钱在我们的人生中扮演着重要的角色。因此，我们首先应对金钱在人生中的地位有一个理性的认识。当看到有的人为了金钱而疲于奔波的时候，当看到有人抵挡不住金钱的诱惑而自我毁灭的时候，当看到有人富可敌国、但依然不能消除内心的贪婪和恐惧的时候，难道我们不觉得这些人都很可悲吗？

我们应该承认金钱的从属地位，应该从社会乃至人性的角度看待金钱，但也决不能忽视乃至否认金钱的作用。最重要的，我们要掌握金钱的本质和运行规则。

人们一直在寻找快速挣钱过上好日子的方法，但这其中最重要的，其实是他们应该具备获得他们需要金钱的能力和力量，这种力量不在于金钱本身，它在金钱之外，这种力量存在于每个人的观念之中。改变一些观念，你就会获得控制金钱的力量，而不是任由金钱来控制你。金钱是一种观念，你想让它成为什么东西，它就能成为什么东西。一个人相信自己能够拥有财富，能够过上富足的生活，那么他会通过他的努力来达到目标，反之，一个人总觉得自己一无所能，他就会真的一无所能。

金钱并不能使人真正快乐，那种认为有钱后，人一定会快乐的观点是错误的。如果一个人在致富过程中没有感到快乐的话，大多数情况下，在他富有之后也不会快乐。

美国富豪巴菲特认为，快乐仅仅是一种过程，而不是一种结果。拥有上百亿美元财产的美国富豪巴菲特已安排好其后事，他将其身后的遗产以信托基金的方式委托几位极具智慧的人来决定钱的用途。他们拥有绝对的权力，且不受任何限制。巴菲特宣称，对于遗产的用途不预先设定附加条件，因为他希望这笔基金日后不要变成官僚十足的传统基金。他说："如果他们搞出个高高在上的殿堂来，又变得守旧封闭，我的鬼魂一定不会放过他们。"

根据巴菲特的安排，他只留给两个孩子各 300 万美元，现在他们都已在自己的牧场上过着快乐的农夫生活。巴菲特的赚钱观很值得人欣赏，他说："人生真正的快乐不是住在皇宫里，而是每年替你的房子加一间房间，因为快乐是一种过程，而不是一个结果。"

基本上巴菲特已做到在撒手归天时，将取之于社会的钱用之于社会，可算是非常洒脱的富豪了。

香港富豪李嘉诚也认为，他的人生哲学就是想过简单的日子，待人谦和，钱对他没有什么意义。虽然他已经富有到不把钱看在眼里，但是他的生活重心仍只是赚钱，以及训练他的接班人——两位少东家李泽钜和李泽楷。"叫我过皇帝生活也可以，平民生活也可以。"中国台湾庆丰集团董事长黄世惠说，"即使现在丢掉 1/2，甚至 2/3 的财产，我仍旧可以活得很好。"曾被美国《财富》杂志列为台湾第六大富豪的黄世惠，平日午餐——50 元的快餐就可以打发。"我可以穿多少？吃多少？欲望过多会死掉。"对于一些有钱人而言，赚那么多钱的意义是在于成就感，而不在于享受。

金钱本身并不能成为人生全部，它只是人生的一部分，任何妄想将金钱置于主导性地位的企图，终将会导致各种各样的大灾难。

一生为钱而工作是不值得的。但若认为钱丝毫不重要也是绝对不正确的。生活中的确有许多比钱更为重要的东西，但没有钱的生活的确会是一种很不完美，甚至很悲惨的生活。钱不但可以维持人的基本的生活需求，也可以带给人们健康，维持人们接受高等教育的需求。

一个人如果沉溺于金钱，将很难摆脱它，有人把钱喻为毒品，因为人们在有钱时很高兴，没钱时就烦躁不安和心情沮丧，这就像吸毒者在注射毒品时会变得很兴奋，而没有毒品时就会变得沮丧和充满暴力。如果我们仔细观察，就会发现人们之间的许多纠纷都是因为钱，甚至一些犯罪也与钱有关。为了钱，有的人不顾一切；为了钱，有的人赌上了整个人生。

但是，金钱仅仅是为目标而奋斗的产物。企图在一夜之间发大财是不现实的。如有这种念头，那就无异于将自己推入深渊而无法自拔。仅仅崇拜金钱是毫无意义的，你应该而且必须明白：金钱并不能赐予你完整的人生。

有许多人已经拥有大笔的财富，可是他们却生活在忧郁之中，有的人甚至觉得自己很无聊，很空虚，这是为什么？他们没有意识到，真正的财富在于不断地进取。如果你心中已经没有了目标和信念，你的生命便会黯然无光。一个人无论在社会中爬到了什么位置，只要他心目中再也没有了前进的动力，他就不可能是幸福的。当我们渴望得到某种东西时，我们感到有一股无形的力量在驱使我们去争取它，但是一旦我们得到了，便会觉得那也不过如此，并没有什么特别之处，于是我们重新又确定另外一个目标去追求。在某一天，那可实现的理想已不再是一个梦幻般的世界，因此，金钱的力量往往在奋斗中获得。

做金钱的主人

对待金钱，我们不仅要有主动的处置权，还应取之有道，只有这样，我们才能成为金钱的主人，而不至于沦为金钱的奴隶。

在日常生活中，很大程度上，金钱是获得感官快乐和社会地位的重要手段。事实上，人性中的一些最优秀的品质是与正确使用金钱密切相关的，例如，慷慨、诚实、公平和自我牺牲精神，更不用说节俭的美德。另一方面，是它们的对立面，如贪婪、欺诈、不公平和自私，就像一个爱财如命的人所表现出来的一样。一部分人滥用和误用了金钱，产生了浪费、铺张、挥霍、奢侈等令人讨厌的行为。正如亨利·泰勒在他经过深思熟虑写成的《生活备忘录》一书中所指出的："在赚钱、储蓄、花销、送礼、收礼、接触和馈赠等方面，正确的行为原则和方法几乎为一个人的完美无缺做了论证。"

如果一个人总是在金钱的欲望世界里徜徉徘徊，那么离成为金钱的奴隶也就只有一步之遥了。这样的人一旦身处逆境，他要么靠别人的施舍恩典度日，要么靠给贫民的救济生存。如果他很有能力，他也会把自己的眼光盯在赚取钱财上，很容易失去做事业、谋发展的机会。因此，对待金钱必须有个正确的态度，不要做金钱的奴隶。

卡耐基就是一个能主动掌控金钱，并让金钱做自己奴隶的典型。

卡耐基有个名叫迈克的学生，他的钱总是花得光光的。因此，他感到苦恼，有一天，他找到老师卡耐基来寻找帮助。

卡耐基在林丘的水塘边和迈克谈起了他自己的经历：

"早年，我在密苏里州的玉米田和牧草地里干活，那地方的环境，在浪漫主义的诗人们看来，肯定洋溢着诗情画意。但是，当年对于我来说，那儿简直像是魔窟。我必须从事高强度的体力劳动，每天不得低于10个小时，每到晚上，都累得快要散架了。付出这样繁重的劳动，每天的所得却很有限！

"生活实在是太艰辛了。为了节省5分钱的电车费，我不得不步行十几里路。我想，假如有一份存款就好了。

"于是，我用步行了20天省下来的一美元电车费，在附近的银行里立了一个户头。

"我的心境顿时为之豁然了：我有存款啦！于是，我有了一种踏实感，觉得有了存款就有了希望，有了着落。

"10天后，我又在账户里存进了一美元。就这样，我不间断地每隔10天存一次，每次都是不乘电车省下来的一美元。逐渐，我的存折上便是18美元了。

"当时，我正需要50美元的款项。50美元，对于每天收入只有5毛钱的我而言，难道不是一笔惊人的巨款吗?50美元太遥远了，于是我把目光停留在30美元上。又过了一段不算短的时间后，我存折上出现了30美元的数字。接着又一步一步地走下去，最后终于存到了50美元。"

这让迈克听得入迷了。他一声不响地望着卡耐基,聆听着。卡耐基继续说：

"所以，一个人，有时为了实现一个大的目标，不妨将它分成若干个小的目标，分步骤分阶段地一个一个去完成，这样就能给人一种心理上的现实感、踏实感，坚定人的信心。没有小目标而直接盯着大目标，就会使人产生渺茫、遥远的感觉，从而产生很多障碍性的因素。

"一位从事自由撰稿的作家曾经对我说，每当和出版商签约后，面对着数百页稿纸，不免心头紧张，担心不能按期交稿。但是他又转念一想，只要每天写一二十页稿纸，那么不出一个月就能写完一部书。于是，他心情轻松愉快地投入写作，果然在一个月之内，就顺利完成了书稿。"

接着，卡耐基总结说："存款也是这个道理。不要死死盯着一个天文数字般的金额不放，只要坚持不懈地实现一个又一个的小目标，日积月累，存下一大笔钱是不成问题的。相信你的老邻居也绝不是三年五载，更不是一朝一夕就存了10万美元的。他是在数十年的岁月中，用涓涓细流汇成大海的呀。"

迈克也点头表示赞同。

"当我们存钱的时候，不妨恪守这样一条准则，如果你想存10万元，那么应先以1万元为目标。"

"一笔笔较小的存款，积累起来就成了一笔较大的存款。1万元,又1万元,积少成多，聚沙成塔。一下子就存足10万元，那是一般人不可能办到的。"

卡耐基和他的夫人姚乐丝在财富问题上有共识。他们认为，拥有财富的关键性条件在于两点：一是勤奋地工作，二是坚强的自我约束力。而其他诸如机遇、遗产、智商都只是为你提供可能性，并不是决定性的因素。

按照卡耐基夫妇的观点，一个人无论拥有多少财富，但如果挥金如土，那也就等于零。

他们不认为花天酒地、大肆挥霍、住豪华别墅、乘高级轿车的人就一定是富有者，因为收入并不意味着就是财富。即使你一年赚 100 万，但随即又将它们花光，你仍旧不可能富有。

"所以，在你的存款还未达到既定目标之前，千万不要去取用。"卡耐基最后对拉尔夫说。

三年后，卡耐基收到迈克的一封信：

亲爱的卡耐基先生：

"今天，当我怀着激动的心情在银行里存入 3000 美元的时候，我的存款额达到了 5 万美元！我的内心感受简直是无法形容的。我无论如何也要呵护好这个迷人的'宝贝'。

你的迈克

过于奢侈或者过于吝啬，都极容易被金钱所驱使，对于金钱，我们应取之有道，而且还要把它用在做有意义的事情之上。不管在什么时候，我们不要做金钱的奴隶，而应做金钱的主人。下面有个哲理故事，应该会让你在此点上有所感悟与启发。

有位信徒对默仙禅师说："我的妻子贪婪而且吝啬，对于做好事，连一点儿钱财也不舍得。您能到我家里去，向我太太开导，让她行些善事，好吗？"

默仙禅师是个痛快人，听完信徒的话，非常慈悲的就答应下来。

当默仙禅师到达那位信徒的家里时，信徒的妻子出来迎接，可是却连一杯茶水都舍不得端出来给禅师喝。于是，禅师握着一个拳头说："夫人，你看我的手，天天都是这样，你觉得怎么样呢？"

信徒的夫人说："如果手天天这个样子，这是有毛病，畸形的啊！"

默仙禅师说："对，这样子是畸形！"

接着，默仙禅师把手伸展开成了一个手掌，并问："假如天天这个样子呢？"

信徒夫人说："这样子也是畸形啊！"

默仙禅师趁机立即说："夫人！不错，这都是畸形，钱只知道贪取，不知道布施，是畸形。钱只知道花用，不知道储蓄，也是畸形。钱要流通，要能进能出，要量入为出。"

握着拳头暗示过于吝啬，张开手掌则暗示过于慷慨。信徒的太太在默仙禅师这么一个比喻之下，对做人处事和经济观念，以及用财之道，豁然领悟了。

第二节　像亿万富翁那样去赚钱

找借口永远也无法赚到钱

借口是贫困的温床，经常找借口对你的财商增长不但起不到半点作用，反而可能会让你一辈子陷入贫困的深渊。

借口是比海洛因还能让人上瘾的东西，这种东西刚用时有镇静安神之功效，附带让人产生美好幻觉。然而用久了，就有腐蚀神经和肌体的副作用，摧垮一个人的精神和意志。

一个人，可以找到很多借口为自己的失败开脱，但这些借口也形成一个个台阶，让穷人顺着台阶自然而然地走进无法翻身的无底深渊，最终老老实实地做一辈子穷人。

富人在任何情况下也不为自己找借口，他知道再完美的借口对他一点作用也没有。他要找的是解决问题的办法和导致失败的原因。这些也是一个个台阶，但这些台阶会把富人送到事业的顶峰。

"我太老了！"这被视为一个经典的借口。

拿破仑·希尔对许多有钱人的一项调查结果表明，有许多成功者都是人到中年，甚至更老的时候——才实现他们的奋斗目标。正所谓，"烈士暮年，壮心不已"！然而，就在这么多年努力终于瓜熟蒂落，即将收获丰硕的果实的时候，有许多人却除了自己应该退休这个念头外，对于其他的事情一无所想。殊不知，工作并非是对生命的损耗，恰恰相反，懒惰才真正是健康长寿的致命敌人。因此，那些早早退休的人，往往并不比持续工作的人更为长寿。事实表明，许多人都会去从事第二职业甚至第三职业，而在他们之中，那些最成功的人往往都是大器晚成。这样看来，年龄绝对不是什么问题。即使你可能失败，但多年岁月积累的丰富经验，就是你的无价之宝。

　　"我没有能力！"也是一种借口，不过我们更有理由相信，能有勇气阅读本书的人可能并不会承认自己没有这个能力，但我们总会有动摇与缺乏自信的时候。

　　对于能力的不同看法也是富人与普通人相当重要的区别：如何看待我们自己的能力和水平。是的，我们的每一步行动都需要某种能力，即使是最少量的能力。这种能力尤其是指智力和体力两方面的能力，而低落的热情会无可避免地带来低沉的动力。因此对自我能力的低估造成低落的热情，又带来了做事的消极态度，这真的是另一个必然形成的恶性循环。要知道，正确对待自己的能力，的确可以成为星星之火，点燃我们身体内部静静潜伏的能量之源。我们所拥有的潜在能源，事实上是巨大无比的，可以点燃起熊熊大火，促使你迅速地取得成功，只不过在许多人那里，这些能源还处于某种冬眠状态，它们等待着被你的积极态度和雄心壮志所激活。

　　金钱不是万能的，但没有钱却是万万不能的。我们并不能以"我没有资本"作为借口，因为绝大多数的富人从一开始时都并没有什么资本，也就是说，钱并不是他们迈向成功的唯一的基本要素。而一个优秀的商业创意或商业观念，以及积极而开阔的视野，才是必须具备的东西。世界上的芸芸众生之中，每个人都会或多或少拥有一些可带来经济利益的才能、热情或者爱好，至少会拥有一种这样的条件。摆在那些即将成为富人面前的问题是：如何正确运用这些才能、热情或者爱好。

从小事中激发你的创意

　　要有一双不平凡的眼光，能够从一些平凡小事中发掘他人所不能发现的不平凡的东西，以此来激发你的创意，你就会发现商机无处不在，财富也无处不有。

　　日本有一家高脑力公司。公司上层发现员工一个个萎靡不振，面带菜色。经咨询多方专家后，他们采纳了一个最简单而别致的治疗方法——在公司后院中用圆滑光润的小石子约800个铺成一条石子小道。每天上午和下午分别抽出15分钟时间，让员工脱掉鞋在石子小道上如做工间操般随意行走散步。起初，员工们觉得很好笑，更有许多人觉得在众人面前赤足很难为情，但时间一久，人们便发现了它的好处，原来这是极具医学原理的物理疗法，起到了一种按摩的作用。

好创意自身就是财富。一个年轻人看了这则故事，便开始着手他红火的生意。他请专业人士指点，选取了一种略带弹性的塑胶垫，将其截成长方形，然后带着它回到老家。老家的小河滩上全是光洁漂亮的小石子。在石料厂将这些拣选好的小石子一分为二，一粒粒稀疏有致地粘满胶垫，干透后，他先上去反复试验感觉，反复修改了好几次后，确定了样品，然后就在家乡因地制宜开始批量生产。后来，他又把它们确定为好几个规格，产品一生产出来，他便尽快将产品鉴定书等手续一应办齐，然后在一周之内就把能代销的商店全部供了货。将产品送进商店只完成了销售工作的一半，另一半则是要把这些产品送进顾客眼里。随后的半个月内，他每天都派人去做免费推介员。商店的代销稳定后，他又开拓了一项上门服务：为大型公司在后院中铺设石子小道；为幼儿园、小学在操场边铺设石子乐园；为家庭装铺室内石子过道、石子浴室地板、石子健身阳台等。一块本不起眼的地方，一经装饰便成了一块小小的乐园。

紧接着，他将单一的石子变换为多种多样的材料，如七彩的塑料、珍贵的玉石，以满足不同人士的需要。

800粒小石子就此铺就了一个人的一条赚钱之路。

小缺陷中往往孕育着大市场。日本著名华裔企业家邱永汉先生曾说："哪里有人们为难的地方，哪里就有赚钱的机会。"企业应避免"一窝蜂"地挤上一座山头，而是要善于发现市场饱和的"空当"，把眼界放开，从不断完善现有产品、不断开发新产品中寻找财富。

在经济、技术高速发展的今天，产品周期大大缩短，如果企业还像以往那样，亦步亦趋地跟着市场走，恐怕只能分得残羹冷饭，要想获利就必须另辟蹊径。这就需要企业家能深入市场，从日常的观察中启动商业灵感，出奇制胜。广东某橘子罐头厂的厂长逛市场时发现：鱼头比鱼身贵，鸡翅比鸡肉贵，触发联想，"橘皮为啥不能卖个好价钱呢？"于是组织人力研制生产"珍珠陈皮"，开拓出新市场。

其实，只要我们处处留心，就不难找到尚未被别人占领的潜在市场。我国一位私营企业家在参加广州进出口商品交易会时，见到一台美国制造的鲜榨果汁机，他便想到，如果在炙热的海滩，鲜榨果汁应该会大有市场。于是他首先在北戴河试营，结果不出所料，果然大赚了一笔。"想别人之未曾想，做别人之未曾做"，从一些看似平凡的现象中启动灵感，以超前的眼光猎获潜在的市场。只有这样，才能在瞬息万变的市场中掌握主动权，挖掘潜在的财富。信息作为一种战略资源，已经和能源、原材料一起构成了现代生产力的三大支柱。信息中包含着大量的商机，而商机中蕴藏着丰富的财富。企业家要有"一叶落而知秋到"的敏锐眼光，从不为别人所注意的蛛丝马迹中挖出重大经营信息，而后迅速做出决策，抓住转瞬即逝的机遇。

高明经营者如菲力普·亚默尔能从墨西哥发生瘟疫信息中想到美国肉类市场的动荡，从而通过低买高卖轻而易举净赚 900 万美元。上海航星修造船厂了解到当前市场西服畅销这一信息，率先转产大量生产干洗机，销量占全国市场 60%以上。浙江农民看到日本、台湾地区商人常来收购农村常见的丝瓜筋，经过进一步了解其用途后便组织生产浴擦、拖鞋、枕套、枕芯等产品出口欧、美、日，做成了年出口 160 多万元的大生意。

财富就在我们的身边，只要我们能从小处着眼，小处着手，在这些细小而平凡的小事中挖掘它蕴含的巨大商机。

让手中的钱活起来

金钱是一种可即刻伸缩的能源，让它活动开来，它就会成为你的摇钱树。不要刻意将你手中的金钱储存起来，这样只会扼杀金钱天生所具有的扩张魔力。同时，这样做也不会给你带来任何好处，它只会让你永远无法享受到金钱带来的快乐。

钱是可以生钱的，你只有懂得了金钱的马太效应，大胆地使用你的金钱去投资，才能成为一个真正富有的人。

很多人往往认为挣钱不容易，将钱当成财神一样供奉，生怕有一天钱会飞走。"存钱防老"是他们的一贯思想。在富人的观念里面，就是"有钱不要过丰年头，"与其把钱放在银行里面睡觉，靠利息来补贴生活费，养成一种依赖性而失去了冒险奋斗的精神，不如活用这些钱，将其拿出来投资更具利益的项目。

富人认为：要想捕捉金钱，收获财富，使钱生钱，就得学会让死钱变活钱。千万不可把钱闲置起来，当作古董一样收藏，而要让死钱变活，就得学会用积蓄去投资，使钱像羊群一样，不断地繁殖和增多。

富人经商，很重要的秘方是不作存款。在 18 世纪中期以前，他们热衷于放贷业务，就是把自己的钱放贷出去，从中赚取高利。到了 19 世纪后，直至现在，他们宁愿把自己的钱用于高回报率的投资或买卖，也不肯把钱存入银行。

富人这种"不存款"的秘诀，是一门资金管理科学。它讲明做生意要合理地使用资金，千方百计地加快资金周转速度，减少利息的支出，使商品单位利润和总额利润都得到增加。

做生意总得要有本钱，但本钱总是有限的，连世界首富也只不过百亿美元左右。但一个企业，哪怕是一般企业，一年也可做几十亿美元，如果是大企业，一年要做几百亿美元的生意，而企业本身的资本，只不过几亿或几十亿美元。他们靠的是资金的不断滚动周转，把营业额做大。

衡量一个人是否具有经商智慧，关键看其能否靠不断滚动周转的有限资金把营业额做大。

普利策出生于匈牙利，17 岁时就到美国谋生。开始时，在美国军队服役，退伍后开始探索创业之路。经过反复观察和考虑后，他决定从报业着手。

为了积累资本，他靠运筹自行做工积攒的资金赚钱。为了从实践中摸索经验，他到圣路易斯的一家报社，向该老板求一份记者工作。开始老板对他不屑一顾，拒绝了他的请求。但普利策反复自我介绍和请求，言谈中老板发觉他机敏聪慧，勉强答应留下他当记者，但有个条件，半薪试用一年后再商定去留。

但他为了实现自己的目标，忍受着老板的剥削，并全身心地投入到工作之中。他勤于采访，认真学习和了解报馆的各环节工作，晚间不断地学习写作及法律知识。他写的文章和报道不但生动、真实，而且法律性强，吸引广大读者。面对他创造的巨大利润，老板高兴地吸收他为正式工，并且在第二年还提升他为编辑。于是普利策也开始有点积蓄了。

通过几年的打工，普利策已对报社的运营情况了如指掌。于是他用自己仅有的积蓄买下一间濒临歇业的报馆，开始创办自己的报纸——《圣路易斯邮报快讯报》。

刚刚办报纸，普利策就面临着资金的严重不足，但他很快就渡过了难关。19 世纪末，美国经济开始迅速发展，很多企业为了加强竞争，不惜投入巨资搞宣传广告。普利策盯着这个焦点，把自己的报纸办成以经济信息为主，加强广告部，承接多种多样的广告。就这样，他利用客户预交的广告费使自己有资金正常出版发行报纸。他的报纸发行量越多广告也越多，他的收入进入良性循环。即使在最初几年，他每年的利润也超过 15 万美元。没过几年，他成为美国报业的巨头。

普利策当初分文没有，靠打工挣的半薪，然后让节衣缩食省下极为有限的钱，一刻不置闲地滚动起来，发挥更大作用，是一位做无本生意而成功的典型。这就是富人"不存款"和"有钱不置半年闲"的体现，是成功经商的诀窍。

美国著名的通用汽车制造公司的高级专家赫特也曾说过这样一段耐人寻味的话："在私人公司里，追求利润并不是主要目的，重要的是如何把手中的钱用活。"

你的投资决定了你的收入。认识到这一点之后，我们应及早地进行投资，找到自己的摇钱树。在你小的时候，你种下一棵树的种子，它就会跟你一样逐渐成长。其实，在理财方面也是如此。

总之，金钱是一种可即刻伸缩的能源，让它活动开来，那它就成为你的摇钱树。不要刻意将你手中的金钱储存起来，这样只会扼杀金钱天生所具有的扩张魔力。同时，这样做也不会给你带来任何好处，它只会让你永远也无法享受到金钱带来的快乐。

将鸡蛋放到不同的篮子里

投资者不能把全部希望都只押在一处，而应"鸡蛋分篮"，分散风险，投资多处下手，则会多点收益。

有一个非常聪明的农夫，要进城去卖鸡蛋，但进城的路非常颠簸难走，他为了不让鸡蛋在路上打破，于是将一篮子鸡蛋分装在很多个篮子里。结果到达城里之后，打开篮子，发现只有一个篮子的鸡蛋破了，其余都完好无损。

这个农夫的故事告诉了我们一个道理，就是将我们的财富分装在不同的篮子里，投资在不同的领域，以寻求最大的回报。

联合利华是一家有 100 多年历史的老牌公司，它经久不衰并成为"世界食品工业之王"，它之所以能获得如此巨大的成功，与其经营方针和管理体制是分不开的。

商品多样化和商标多样化是联合利华经营管理上的一大显著特点，也是它最巧妙的经营之道。联合利华的许多名牌产品走俏世界，但没有冠以统一的联合利华的商标，都以独立的形象出现在消费者面前。这样，商品、商标的多样化避免了单一、呆板的消费形象，给消费者以丰富多彩的感觉，满足了人们的好奇心理。同时，也避免了一种商品品牌牵连公司其他商品的风险，它的每一类产品，都有几种到几十种的不同品牌。使公司始终处于"东方不亮西方亮"的有利位置。

合理让利和以退为进是联合利华发展史上多次使用并因此获得更大利益的经营策略。第二次世界大战后，非洲各国的民族解放和独立运动风起云涌，联合利华在非洲的许多小公司都面临着巨大的危机。当时联合利华在权衡利弊后采取了以退为进的经营策略，较好地照顾了非洲国家的利益。虽然看起来公司为此让了许多利，但实际上换来的是更大的经营空间和政府支持，联合利华在这些非洲国家取得了更加长远的利益，对公司的发展起到巨大的推动作用。

"诚实、正直地从事商业活动并尊重其所涉及的各方利益"，是联合利华的经商准则，这也许正是联合利华成功的奥秘。

高度集中的管理体制是联合利华制胜的又一法宝。它公司体系庞大，但管理机制却非常集中，组织十分严密。联合利华的管理机制可谓精简、高效，在伦敦和鹿特丹的公司总部都只有一名董事长、一名副董事长和一名秘书，它在全世界子公司的体系也一样。这样的管理领导可以统一协调市场经营和管理，提高和保证工作效率。

它又非常重视人才的选拔和培训。只有不断完善员工及管理层人员的配合，才能使整个公司团结起来，做最充分的人力资源的利用。

它还决定以核心事业为主，削减不必要的周边企业，同时规定创办新事业的标准，必须以融入资本7%的净利作为前提。为积极开发成长型的新兴市场，满足目标市场的确实需求，对研究开发部门的改革也相当大。现在联合利华已在全球增设50个研究开发中心，根据中心所在的市场需要，有针对性地研究和开发新产品。

"不要把鸡蛋放在一个篮子里，除非你有花不完的钱。"某位亿万富翁曾这么说过。比尔·盖茨也是一个不把"鸡蛋全放在一个篮子里"的人，同时这也是他投资的聪明之处。

比尔·盖茨看好新经济，但同时认为旧经济有它的亮点，也向旧经济的一些部门投资。美国《亚洲华尔街日报》评论说，盖茨的投资战略令人感兴趣的是："盖茨看到了把投资分散、延伸到旧经济的必要性，而他的好友巴菲特却没有看到把投资分散到新经济的必要性。"现年 70 岁的巴菲特素有华尔街"股王"之称，他的投资对象都是旧经济部门公司。

盖茨分散投资的理念和做法由来已久。据《亚洲华尔街日报》报道，盖茨 1995 年就建立了名为"小瀑布"的投资公司。这家设在华盛顿州柯克兰的公司只为盖茨的投资理财服务，主要就是分散和管理盖茨在旧经济中的投资。这家公司的运作十分保密，除了法律规定需要公开的项目，其活动的具体情况很少向公众透露。不过根据已知情况，这家公司的投资组合共值 100 亿美元。这笔资金很大部分是投入债券市场，特别是购买国库券。在股价下跌时，政府债券的价格往往是由于资金从股市流入而表现稳定以至上升的，这就可以部分抵消股价下跌所遭受的损失。同样，小瀑布公司也大量投资于旧经济中的一些企业，并以投资的"多样性"和"保守性"闻名。

盖茨的投资不少是从长期着眼的，例如投资于阿拉斯加气体集团公司和舒尼萨尔钢工业公司。他的投资代理人拉森就把小瀑布投资公司称为"长期投资者"，"在这个意义上有点像巴菲特"。

纽约投资顾问公司汉尼斯集团总裁格拉丹特在概括盖茨的投资战略时说，投资者，哪怕是盖茨那样的超级富豪，都不应当把"全部资本押在涨得已很高的科技股上"。这也就说明了，就是连盖茨这样的世界超级富豪，为了分散风险和寻找最大的回报，都不会把"鸡蛋"全放在一个篮子里。

妙手生花，让钱生钱

要想成功地驾驭金钱就要学会投资，做一个聪明的投资者，让你手中的金钱流动起来，让"钱生钱"。因为"钱生钱"永远都胜于"人生钱"。

当你积累了一定的金钱之后，要用这些钱进行投资，要让钱生钱，而不是简单地储蓄。

富人能利用他们的钱和资产再生出更多的金钱和资产。你可以将金钱投资在教育上，也可以投资在创办企业上，还可以投资在购买房地产和股票上，等等。然而，把金钱投资在何处，对于投资收益的增长有着极为重要的影响。

《选择》杂志公布了一项数据：仅在一年的时间里，澳大利亚人因为将钱存在普通账户上而损失多达 40 亿澳元的利息。

假设澳大利亚的朱丽从 17 岁时开始存钱。在一年的时间里存下了 1200 澳元，然而却发现她的存款利息只有 0.25%。因此你也可以想象以这样的利息，朱丽得要多长时间才能靠她的存款挣到钱。

多一两个百分点，少一两个百分点也许在短期内并无太大的差别，但是时间一长，存款的利息就差很多了。假设朱丽在以后的 40 年里一直坚持存款，如果存款利率为 2%，那么她的存款 40 年后将增至 73144 澳元。如果朱丽将这笔存款改为定期存款，存款利率为 5%，那么 40 年后她的存款将增至 148252 澳元。如果朱丽将她的存款进行投资，投资回报率为 12%，那么 40 年后，她将积攒到 97 万澳元，朱丽只要学习一些投资的知识，她挣到的钱就会大不一样，就会使 7.3 万澳元变成 97 万澳元。当然，要真正了解金钱的游戏也需要花费一定的精力，不过为获取这方面的知识而花费精力是十分值得的。

让钱生钱，富人往往是这方面的大师。

在富人看来，用钱追钱，自然要比人追钱快得多。这就是"钱找钱"胜于"人找钱"，因此要学会投资。

真正挣钱的人认为：他们赚钱是为了花出去，他们花钱是为了赚更多的钱。洛克菲勒王朝的创始人约翰·戴维森·洛克菲勒的童年时光就是在这个叫摩拉维亚的小镇上渡过的。每当黑夜降临，约翰常常和父亲点着蜡烛，相对而坐，一边煮着咖啡，一边天南地北地聊着，话题又总是少不了怎样做生意赚钱。约翰·洛克菲勒从小就满脑子装满了父亲传授给他的生意经。

7 岁那年，一个偶然的机会，约翰在树林中玩耍时，发现了一个火鸡窝。于是他眼珠一转，计上心来。他想火鸡是大家都喜欢吃的肉食品，如果他把小火鸡养大后卖出去，一定能赚到不少钱。于是，洛克菲勒此后每天都早早来到树林中，耐心地等到火鸡孵出小火鸡后暂时离开窝巢的间隙，飞快地抱走小火鸡，把它们养在自己的房间里，细心照顾。

到了感恩节，小火鸡已经长大了，他便把它们卖给附近的农庄。于是，洛克菲勒的存钱罐里，镍币和银币逐渐增多，变成了一张张的绿色钞票。不仅如此，洛克菲勒还想出一个让钱生更多的钱的妙计。他把这些钱放给耕作的佃农们，等他们收获之后就可以连本带利地收回。一个年仅 7 岁的孩子竟能想出这样的主意，不能不令人惊叹！

可父亲和母亲对长子的行为反应却截然相反。笃信宗教、心地善良的母亲对此又气又恼，狠狠地把他揍了一顿。可是颇有眼光的父亲却说："哎呀，爱丽莎，你何必呢！这个国家现在最重要的就是钱、钱、钱！"他对儿子的行为大加赞赏，满心欢喜。约翰·洛克菲勒就是由这样一个相信圣经上一言一语、敬畏上帝的基督教徒母亲抚养大，由父亲的实际处世之道教育成人的。

在摩拉维亚安下家以后，他父亲雇用长工耕作他家的土地，他自己则改行做了木材生意。人们喜欢称他父亲为"大比尔"，大比尔工作勤奋，常常受到赞扬，另外他还热心社会公益事业，诸如为教会和学校募捐，等等，甚至参加了禁酒运动，一度戒掉了他特别喜爱的杯中之物。

大比尔在做木材生意的同时，不时向小约翰传授这方面的经验。

而此刻年幼的洛克菲勒在经商方面初露锋芒。在和父亲的一次谈话中，大比尔问他："你的存钱罐，大概存了不少钱吧？"

"我贷了 50 元给附近的农民。"儿子满脸的得意神情。

"是吗？50 元？"父亲很是惊讶。因为那个时代，50 美元是个不小的数目。

"利息是 7.5%，到了明年就能拿到 3.75 元的利息。另外我在你的马铃薯地里帮你干活，工资每小时 0.37 元，明天我把记账本拿给你看。其实，这样出卖劳动力很不划算。"洛克菲勒滔滔不绝，很是在行地说着，毫不理会父亲的惊讶表情。

父亲望着刚刚 12 岁就懂得贷款赚钱的儿子，喜爱之情溢于言表，儿子的精明不在自己之下，将来一定会大有出息的。

洛克菲勒小小年纪就已经学会了驾驭金钱，让钱去生钱，这确实是他获得巨大成就的基础。

学会借船出海

我们既要学会用明天的钱办今天的事，也要学会花他人的钱办自己的事。就正如自己想要捕鱼，但又没有网，便学会借船出海。

自己想要捕鱼，但是又没有网，怎么办？最好的办法就是借船出海。如果我们算好时间抓住鱼汛，说不定出海一次就能赚回半条船来。也许你觉得借船还得付出租金，那你也可以自己造船。但是，也许待你造出船来，鱼汛早就过去了。

有一则很富有哲理的小故事。一个中国老太太和一个美国老太太在入地狱之前进行了一段对话。

中国老太太说："我攒了一辈子的钱终于买了一套好房子，但是现在我又马上要入地狱了。"而美国老太太则说："我终于在入地狱之前把我买房子的钱还清。但幸运的是我一辈子都住上了好房子。"

初看这组对话，它只是反映了东西方人的消费观念的不同。但再进一步深层挖掘，其中蕴含了一个深刻的哲理，即要善于把自己明天（未来）的钱挪到今天用。过平常生活要如此，经商致富更是如此。这也是现代创富理念的重要内涵。

就一般人而言，在致富之初都缺乏资金，但这并不意味着你今后没有钱。这主要取决于他对自己未来事业的信心和个人成功致富的基本素质与条件。只要他个人有信心致富，个人有良好的致富素质和条件，那么他未来就肯定能成为一个有钱人。既然他未来是有钱人，那么就可以把未来的钱挪到今天用。

当然就今天而言，未来的钱只是一个虚拟，你若想把其变成现实的钱用于今天，就必须先向别人借钱或向银行贷款。这样你就能实现"把明天的钱挪到今天用。"

除学会用明天的钱办今天的事外，我们还要学会花他人的钱办自己的事。

所以，我们要发展自己、壮大自己，就一定要有广阔的胸襟，要能够容人，要能够容忍他人的资本进入自己的事业中来，这就像滚雪球一样，雪球越大它就滚得越快，它就越容易滚大，所谓"他山之石，可以攻玉"。他人的金钱进入我们的事业，我们的金钱也会增长得更快；他人的金钱进入了我们的事业，他人的智慧也就进入了我们的事业。博采众人之长，兼收并蓄，我们自己才会不断地成长。

洛维格年轻时曾一度贫困，他当过一段时间的推销员，也从事过其他的很多职业。几年后，在一家公司，他凭着自信与毅力，为自己争取到了一家灯饰公司商场副经理的职位。做了两年多，在灯饰经营方面积累了不少经验。为了能更充分地发挥自己的能力，洛维格决定跳出来自立门户。

刚开始创业，困难自然不少，最大的"拦路虎"是资金不足，为此洛维格动了不少脑筋。1998 年他承包了一个大型超市的巨型灯饰店，接手时这家店已经亏损。但洛维格心里有底，他自己有经营灯饰的经验，客户方面也可以联系到不少客户。只要找到用武之地，他就可以大显身手。从组织、策划、进货到销售，洛维格样样事都亲力亲为，常常忙得连午饭都顾不上吃。不到一年，灯饰店就"起死回生"，还净赚了好几万。承包经营，不必自己再去寻找铺位，购置设备、产品，只需出一些活动资金，比起自己开店，需要的本钱要少得多。这样一方面解决了资金不足的困难，另一方面又可以在经营中不断地积累资金。用洛维格的话说，就是借别人的鸡，下自己的蛋。

利用明天的金钱办今天的事，我们一定要有远见，要把眼光放远，只看眼前的困难，我们可能就会被眼前的事情所羁绊，一事无成；利用他人的金钱办自己的事情，我们一定要会驾驭，要把胸怀放宽，只看到他人的缺点，我们就会犯一叶障目的错误，坐失良机。

学会借船出海，只要我们树立信心，鼓起生命之帆，摇起智慧之桨，撒下收获之网，那么我们就一定能够满载而归。

第三节　点滴消费体现生活智慧

把钱放在干净的地方消费

正如人的精神要有一个理想的家园一样，人所拥有的金钱也应有个正确的出路，否则它就会像毫无精神寄托的人般步入歧途。

我们每一个人赚钱的方式是各不相同的。有些人赚钱很容易，有的人只要挥挥手就可能有千百万元进账，有的人唱一首歌就是几万、十几万元，有的人只是在电视上露露脸就有几百万元的收入。但是有的人赚钱却很辛苦，有的在矿井里采煤，终日不见阳光，呼吸污浊的空气；有的在城市的下水道里清淤，空气弥漫着腐败的气息，恶臭无比；有的在深山老林里伐木，餐风饮露，雪打雨淋……但是我们无论在什么样的环境里劳动，我们自己都要看重自己，不要看贱自己。劳动只有工种不同之分，而没有贵贱之分，我们的劳动环境无论多么恶劣，无论条件多么艰苦，但是我们的劳动都是在为人们提供着各种各样的服务，我们赚来的钱都是纯洁的、干净的。我们要把它们用在最值得的地方，而不能把它花在见不得人、见不得阳光的地方。

金钱最基本的功能是改善我们的生活条件，使我们吃得好一些，然后穿高档一点的服饰，条件再好一点可以住宽敞一点的房子，购买一辆私人轿车。在我们拥有了这些小康人家所具备的一切之后，我们完全可以为自己设定一个更高的标准，提升自己的人生品位，为金钱寻找一些更好的使用方向。

在法国，如果一个人想要成为一个真正的"中产阶级"，只有几个钱是不够的，人们顶多只是承认他是一个有钱的暴发户。在法国，如果一个人要成为一个名副其实的"中产阶级"，必须同时具备硬件和软件两大标准。硬件标准是要拥有足够的年薪、股票、房产。软件标准是要每月至少光顾一次音乐会、芭蕾或歌剧表演，要收藏艺术品或古董，每月向绿色和平组织、野生动物保护组织捐款 1000 法郎以上。诸如此类的标准还有很多，如果你做不到这些，社会只能承认你是一个暴发户。

当然，虽然我们国家的衡量标准与法国不同，但是我们也可以根据自己的条件和具体的情况，培养一些高雅的爱好和情趣，来陶冶我们的灵魂，提高自己的素质、修养，比如集邮、收藏、读书、健身、旅游……

我们可以献出我们的爱心，用我们的金钱来帮助贫困的人们、帮助残疾的人们、帮助孤寡老人们……

社会需要人们用金钱去完成的事情不胜枚举，金钱花出去了，我们收回的却是欢乐，诗意的、浪漫的、高雅的、趣味的、博爱的、慈善的举动都使我们的人格得到完善，使我们在精神上更加富有。

相反，如果我们将金钱花在不该花的地方，将金钱用在抽烟、喝酒、赌博等低档次的消费上，那么，随着时间的推移，你会沿着错误的方向越滑越远。最终，你的金钱没有了，精神空虚了，唯独剩下的只可能是满身的疾病和满脑子的痛苦回忆。

有这么一个人，他借着改革的春风发了大财，几年之间成了人们所说的"大款"。他以前是农村生产队的拖拉机手，生产队解体后用拖拉机跑运输，赚了钱以后把拖拉机换成了汽车。由于他的吃苦耐劳、艰苦奋斗，其家业也由一辆汽车变成了十几辆，他本人则由一个个体户变成了公司的老总。

口袋里面有了钱，心头也就长了草，为了证明自己有钱，这位朋友就专门做些款爷做的事。酒店里狐朋狗友吃五喝六，桑拿浴里拥三抱四，赌场里一掷千金。踹了糟糠之妻，找了个小老婆。理由是赚钱过百万，房子要新，老婆要换。

他觉得自己是个富人，富人什么都能做。可是他就没有弄明白，无论是穷人还是富人，有三样东西谁也赌不起：一是女人；二是毒品；三是赌博。

这个人从骨子里就是一个穷人，只是在特殊的时代里一不小心成了有钱人。由于他的财富承载能力有限，不但没有驾驭金钱，反而被金钱驾驭，成了金钱的奴隶。他在金钱的魔掌中渐渐迷失了自己，找不到自己的本我，更找不到自己的未来。

他什么都赌，包括他赌不起的女人、毒品、赌博。辛辛苦苦 20 年经营的事业，被他用两年就败得精光。20 年前他什么都没有，但他还有健康，还有拼劲。20 年后他连这些都没有了，只能面对着凶神恶煞的债主。最后不得不远走他乡，穷困而死。

远离消费陋习

消费应是一种理智的行为，点滴消费应体现生活智慧。聪明的消费者不应该让追求时尚的虚荣心左右自己的消费观。任何时候都要选择适合自己个性的东西，适合自己的才是最好的。为此，我们必须告别乱花钱的陋习，让我们手中的钱花在该花的地方，让自己买的东西对自己都显现价值。

很多人都有乱花钱的陋习，这种坏习惯往往造成钱花得不是地方，买的东西对自己没有任何价值，根本用不着，这样钱往往就打了水漂。在这个赚钱越来越难的时代，不乱花钱其实是一种很大的创造。只要我们用心，乱花钱的坏习惯一定能避免。

1. 改正自己的购买动机

你可能已经想好了去哪家商场，那里正举行全场六折的促销活动，还是一件迷人的外套一直让你魂牵梦绕。在你一张一张地数着百元大钞或者把信用卡递给收银小姐的时候，给自己几秒钟冷静一下，想想看你现在的行为是出于哪种购买动机？你知道你的消费动机正确吗？

购买动机对购买行为起着至关重要的作用。购买动机决定着购买行为，在购买活动中，购买者树立正确的购买动机非常重要。

正确的消费动机很多，比如生存类购买动机。这种购买动机多出自于生活所必需，不购买就不能生存，如购买油、盐、柴、米、衣服、鞋、帽等日常生活用品。这种购买动机为所有消费者所共有，是最基本的购买动机。

除了生存类购买动机以外，理智类购买动机也是正确的。这种购买动机对要购买的商品有计划性，有一个深思熟虑的过程，并在购买前做了一番调查研究，对所购买商品的特点、性能、价格、质量、用途等做到心中有数，购买时重视商品的质量和耐用性能的挑选，购买后不轻易退换。

自信类购买动机也是正确的。这种购买动机多有一定的目标，不受他人的影响，非常自信，毫不怀疑地去按选定目标购买，即使情况变化，也坚定不移地去购买。

我们生活中还有一些购买动机，很难用对错区分，要想省下口袋里的钱，就要限制这些消费动机。

其中有被迫类购买动机，这种购买动机往往是购买者为求人办事，或需要请客送礼来还情而不得不购买，是被迫违心地花钱。

还有一种是保守类购买动机。这种购买动机多发生在商品供大于求时，观望等待，选择性较强，不称心合意不买。

除了以上几种，还有两种购买动机是绝对要抛弃的。一种是冲动类购买动机，这种购买动机通常被商品新奇的外观、便宜的价格所吸引，感情冲动，心血来潮，不顾家庭是否需要，草率购买。一种是时髦类购买动机，这种购买动机通常被社会上流行某一种时髦的款式所驱使，爱买服饰是女人的天性，尤其在这个消费过度的年代。但如果不顾自己的经济能力而一味追求潮流往往会使自己的财政入不敷出。

纠正自己的购买动机，让你手里的钱花得更理智、更科学。下次付账时，好好考虑一下。

2. 别用购物发泄坏情绪

在许多人的观念里，女人总和逛街脱离不了关系，也许是先天在性别上就清清楚楚地划分好了，也许是女人的购物欲和男人的烟瘾一样，只是一种情绪的转移。

好多女性朋友，她们的情绪变化往往很外露，比如换了个新发型、戴了对新耳环、穿了件新皮裙、买了个新手包，或是和一大群朋友到 KTV 唱了一夜的歌，如果你问她这样出手大方的花费是不是因为她交了新男朋友，还是因为她找到了一份收入颇丰的工作。她的答案很可能是："我只是心情不好。"

生活中用"血拼"（shopping）来发泄坏情绪的女人有很多，或者，在刷卡的时候，她们的情感已经战胜理智，所以忘了平时总是在抱怨朝九晚五的工作劳累，也忘了一到月底钱包就空空如也时的懊恼和沮丧。其实，抱着大包小包的"战利品"回到家之后，就会发现那些导致心情低落的原因和问题并没有消失或解决，却又因经济出现不良状况而增添新痛。所以，依靠疯狂购物来转移情绪的做法是不可取的。

我们都知道，过分地压抑可能会造成心理上沉重的负担，却又不知道该怎么卸下脸上那张戴得太紧的面具。所以，跑到人声嘈杂的地方逃避面对自己，花了一堆钱买了一堆东西，试图想"买"回一点快乐，结果呢？每当看见那些东西时，也许又勾起那些不快乐的记忆。

其实，何苦这样和自己过不去呢？受挫的时候，试着静下心来思考跌倒的原因，想出方法重新出发。沮丧的时候，找个谈得来的朋友聊聊。悲伤的时候，去看场感人的电影大哭一场，或者和三五好友相约到户外走走，大口地呼吸新鲜的空气，找个健康而又积极的方法调整心情，适时地释放压抑的情绪，生活可以随性却不能任性。

3. 远离遗憾消费

日常生活中，常见到这样一种现象：许多人，特别是一些青年人，在购买商品时总是兴致勃勃，信心十足，但是买回家后，不是觉得价钱贵，就是感到质量不好，有的甚至是不实用的。这时，想退又嫌麻烦，不退心里又懊恼不停。这种情景在消费心理学上叫作"遗憾消费"。

据某消费者协会对 1000 名妇女的问卷调查显示：有 13% 的人承认她们经常花一些不该花的钱，购物后常常后悔，因为在心血来潮时买的东西根本用不上或很少使用。有位离异的中年妇女在苦闷孤独中每天逛商店，买下许多她在当"姑娘"时爱穿的衣服。这些色艳形瘦的服装显然已不适合她的年龄和发福的体态，但她说："很想重新活一次，回到恋爱的年龄，因此在商店里就有一种难以控制的欲望。"

心理学家和心理医生指出："遗憾消费"可以说是轻微心理变态的一种表现。在购物中，压抑的心情虽可以有所缓解和得到发泄，但却为此付出了可观的金钱代价。

据报道，德国有 10% 的妇女有购物癖。柏林消费协会调查表明，有 100 万德国人（其中 90% 是妇女）沉溺于购物，染上购物癖的几乎全是上班族和薪水阶层。在美国"遗憾消费者"中，女性是男性的两倍。

"遗憾消费"的形成有很多原因，也因人而异，它不仅和人的性格、阅历、收入水平有关，而且还和人的修养水平有一定的联系。怎样才能有效地防止这种"遗憾消费"呢？教你几招可以试一试。

首先，不要一次性购买。换句话说就是不要突击花钱。一些青年朋友在面临结婚或建设爱巢的时候，往往一改平时省吃俭用的习惯，一旦需要就会把长期攒下来的钱一次花光。其实不妨采取统筹兼顾，随遇随买的办法。家庭消费应该从大处着眼，小处着手。买东西最好有个计划，各个击破，切忌全面开花。

其次，冲动性购买不可取。就是说不要在事先无计划的情况下，临时产生购买行为。尤其是不要受广告和精美包装的冲击及片面追求新奇和从众心理的影响，打乱了正常的消费开支。避免冲动，要遵循价值原则，所购物品应是生活必需品，遇到可买可不买的东西，不管别人怎样抢购，也不要盲目从众。

买任何东西，办任何事情都要有主见，不要没有主见。有的人决策能力较差,对所购之物总是拿不定主意,同样买服装,款式很时髦,但花色却很单调,有的质量很好,价格又很贵,让人一时难以确定购买哪件服装合适。结果这方面相中了,买了又后悔另一方面的不足。还有人本来自己认为很好的商品,当给亲友同事欣赏时,听到别人说这件东西质量太差,样式太老,如何不好时,内心里便生出一种"悔不该买"的叹息。这两种人都是缺乏主见的消费者。

要克服缺乏主见的购买行为,就要培养自己的合理决策能力,首先要有自己的主见和信心,要加强自身修养,时常阅读一些有关消费的报刊,以不断积累购买和使用商品的经验教训,不要盲目地模仿别人,也不要盲目地听别人说三道四,这样就会增强我们对购品的鉴别力。其次,要在购物中进行合理决策,掌握行情,掌握产品的发展,包括价格、质量,这样就能在购物中避害趋利,减少后悔。

4.弄清"想要"和"需要"的区别

很多时候,商家喜欢用大幅的海报、醒目的图片和夸张的语言吸引你,现在有减价、优惠、促销等活动,有时特价商品的价格还会用醒目的颜色标出,并在原价上打个 ×,让你感到无比的实惠。

如果你面对诱惑蠢蠢欲动,但是又发现物品的价钱超出你的承受能力,那么你应该分析"想要"和"需要"之间的差别。

把钱和注意力集中在有意义的或是有用的东西上才值得,如果是真的"需要",那么可以在其他支出方面各节省一些,在不破坏你的预算范围内,还能抽出钱来购买所需的东西;如果只是单纯的"想要",想一想那些因你冲动购买而仍被置冷宫的物品吧!你还要再犯相同的错误吗?

其实,人们对物品的占有欲与对物品的需求没有什么关联,你可能并不是因为需要某样东西才想去拥有它。此时不妨先冷静一下,转移注意力,当你隔几天再回头看时,说不定发现你已经不想要那个东西了。这样,尽管你买的东西比想要的少,但是能收益更多,并逐渐养成良好的消费习惯。

5.勇敢走出心理消费误区

消费者在购物过程中,对所需商品有不同的要求,会出现不同的心理活动。这种消费心理活动支配着人们的购买行为,其中有健康的,也有不健康的。

中国人喜欢盲从,购物上也一样,盲目地跟风是很典型的消费心理误区。

很多人在购物认识和行为上有不由自主地趋向于同多数人相一致的购买行为。

盲目追随他人购买,表面上是得到了某种利益,事实却并非如此。很多人都曾受抢购风的影响而买回一大堆东西,事后懊悔不已。消费者的合理消费决策必须立足于自身的需要,多了解商品知识,掌握市场行情,才能有效地避免从众行为导致的错误购买。

女性在家庭中基本上都处于操持家庭生活的地位，是购买商品的主力军。女性固有的心理特征，加上长期的经常性、习惯性购买活动，使她们既精于购买又常常不由自主地陷入消费误区。

现在许多年轻女性都崇尚时尚、追赶潮流，她们中的许多人为了新品一掷千金，从而获得心理上的满足。

合理消费是符合个性的消费，成熟的消费者应该有自己的消费个性，而不应盲目地赶时髦，因为时髦的商品对某个具体的消费者来说并不一定是最合适的。

聪明的消费者不应该让追求时尚的虚荣心左右自己的消费观。任何时候都要选择适合自己个性的，适合自己的才是最好的。

名牌心理也是大多数人都有的购物心态。名牌是生产者经过长期努力而获得的市场声誉，名牌代表高质量，代表较高的价格，代表着使用者的身份和社会地位。如果消费者为了追求产品的质量保证，或者为了弥补自己商品知识不足而导致购物后的懊悔而选择名牌产品，那是明智的。但如果买名牌是为了炫耀阔绰或其他什么，以求得到心理上的满足，则是陷入了购买名牌的误区。

另外，最普遍的是求廉心理，这在消费者的购买行为中表现得最为突出，其中主要原因是经济收入不太充裕和勤俭持家的传统思想，用尽可能少的经济付出求得尽可能多的回报。

所谓物美价廉，这种想法是不错的，但它也可能产生消极的后果。一方面，在观念上求廉心理引导着消费者低水平消费、吝啬消费；另一方面，有的消费者的求廉心理走向极端，购物时永远把价格便宜放在第一位，进而发展为只要是廉价商品，不管有用没用照买不误。

所以有求廉心理的消费者在市场上寻求价廉商品的同时，必须考虑商品的实用性和一定的质量保证，否则会得不偿失的。

走出消费误区，你才能做到理智消费。

精明到一点一滴

日常生活中的很多费用是不必要的，有些花销看似不起眼，但长年累月持续下来，却不是小数目。因此，面对日常生活中的消费，我们要学会精明到一点一滴，这有助我们养成良好的理财习惯，也充分体现了我们的消费智慧。

许多人每天早出晚归努力工作，甚至牺牲休息时间加班加点，结果到了月底，仍然觉得收入和支出刚刚扯平，有时还不够用，这是怎么回事呢？事实上，每个月虽净赚不多，有结余的人，不在少数，差别只在于你是不是能有效地运用每一笔资金，是不是将每一笔钱详实地记录下来。通过有效地运用和记录两种方法，你不但不会把钱浪费掉，反而会因此更了解自己的用钱习惯，如此一来，要想存一笔钱，成为人人羡慕的小富翁，就不是难事了。

日常生活中很多费用是不必要的，有些花销看似不起眼，但长年累月持续下来，也是一大笔钱，所以我们必须从小处开始节约。

（1）餐饮费。如果想和朋友聊天，尽量把他们约到家里来，这样可以节省一笔饮料费开销。除此之外，还可以自己下厨，体验自己做饭的快乐，因为到餐厅吃吃喝喝十分费钱。

（2）交通费。交通费其实最容易控制，如果路远的话，每天只要提早出门，多搭公共汽车，少拦的士，即可轻轻松松省下一笔庞大而不必要的开销。

（3）交际费。交际费是生活中最想节省却往往节省不下来的那笔开销，其实最理想的方案就是尽量在家里解决聚餐和吃饭问题，这要比外面的饭店省钱很多，而且还很卫生。至于实在省不掉的开销，比如结婚礼金等，就记一笔人情账，人家送多少适量还多少，就当成是定期储蓄了。

（4）服装费。聪明的女士都知道，宁可挑一两件质地好，又不容易过时的服装，也不要选购"仅在这个季节流行"的服装。

（5）娱乐费。为了有效节约，很多娱乐活动都可以在非繁忙时间段进行，比如早场电影票价就比一般的电影票价要便宜一半左右。

（6）美容费。如果想省钱，可以自己动手做保养，如清洁、按摩以及祛除青春痘、粉刺等，比到专业美容店，每月可省下几十元至几百元不等的费用。

（7）其他杂费。常见的杂费包括水费、电费、电话费，等等。节约杂费的诀窍在于"用一些巧思"。比如冰箱中食物不要放得太满，可防止电量的损耗；照明用节能灯；使用煤气烧开水，小火比大火要省煤气等。

除此之外，以下还有精明到点滴的小窍门，如果把它们变成习惯，那你的财务状况一定会好很多。比如，要扬长避短选卖场，很多人逛大卖场完全凭兴趣，其实不同的卖场有不同的特点，只要留心就能扬长避短，买到更新鲜更便宜的商品。

省钱不是吝啬

省钱就是尽量用最少的钱办最多的事，省钱并不是吝啬，而是一种生活的智慧。

省钱就是尽量用最少的钱去办最多的事，这里的省钱不是吝啬。

养成勤俭节约的美德，把自己的资金用来投资，是成功致富者必须具备的素质之一。从创业成功的人身上，都能见到节俭和投资创业的共同本质。

社会上一些先富起来的人被现有的财富迷惑了头脑，只顾眼前，不思进取，只知盲目攀比、盲目消费，却不知去扩大实业，拓展生意。最后坐吃山空，白白葬送了大好前途。因此，致富者应该明白家有金钱万贯，不如投资经营的道理。钱再多也是有限的，"坐吃"必然导致"山空"。钱财只有流通起来才能赚取更多的利润，才能使优越的生活得到保证。

可以用三个词来勾画富人的肖像，那就是：节俭！节俭！节俭！而这里的节俭，绝不是吝啬。

有人问百万富翁卢卡斯："你购买一套服装，最多花过多少钱？"

卢卡斯把眼睛闭上片刻。显然，他在认真回忆。观众悄然无声，都料想他会说"大约在 1000 ～ 6000 美元之间。"但是事实表明，观众的想法是错的。这位百万富翁这样说："我买一套服装花钱最多的一次……最多的一次……包括给自己买的，给我妻子琼买的，给我儿子巴迪、达里尔和给女儿怀玲、金格买的……最多一次花了 399 美元。噢！我记得那是我花得最多的一次。买那套服装是因为一个十分特殊的原因——我们结婚 25 周年庆祝宴会。"

观众对卢卡斯的陈述会有什么反应呢？可能大吃一惊，不相信。事实上，人们的预想和大多数美国百万富翁的实际情况并不一致。

我们每一个年轻人都应该知道，除非他养成节俭的习惯，否则他将永远不能积聚财富。

有的人总是悲叹他没有变得富裕起来，因为他花掉了所有的收入。一个人应该学会的一件事情就是存钱，这样他会变得节俭，节俭是财富的创造者。节俭不仅可以创造财富，而且还磨炼一个人的意志，培育一个人的品格。

1994 年 11 月，当 49 岁的克鲁兹和妻子发现自己的积蓄已超过 100 万美元时，心情激动的夫妇俩仅买了两包非常普通的爆米花庆贺。这也是他俩能够从工薪阶层跃升为百万富翁的秘密。他俩在日常生活中精打细算，每月节约自己收入的60%。八年如一日的勤俭节约和长期投资，终于给他们带来了非常丰厚的回报。

美国亚特兰大市场研究所所长思坦勒在对近20年中涌现的百万富翁做了专门研究后，意味深长地说："他们当中靠运气和遗产致富的人已不多见，绝大多数人的发家致富完全建立在勇于进取、发奋创新、严于律己和勤俭节约的基础上。"

节俭并不是对生活的一种苛求，更不是什么吝啬，可以说它是一种生活的智慧，是对自己所拥有的资源进行最合理配置的方法和艺术，它不仅能使我们的财富更多一些，而且能使得我们的生活更有情趣，更富于挑战性。

下面介绍一下家庭省钱的七大秘诀：

据美国媒体报道，美国的伊科诺米季斯一家被称为该国"最节约家庭"，这个收入平平的七口之家有一套卓有成效的"省钱战略"，坚信"省下的就是赚的"。

这个七口之家的家庭年收入约为3.3万美元，低于美国家庭的年平均收入（大约为4.3万美元）。但是，伊科诺米季斯一家在日常生活中却能"花最少的钱，办尽可能多的事"。下面就是他们节俭的经验之谈。

1. 穷追不舍买便宜货

主妇安妮特透露，每次到超市购物，他们都会在购物架前来回逡巡，寻找要购买物品的最便宜价格，直到找到最低价才买东西。

2. 每个月只购物一次

伊科诺米季斯家建议美国民众，最好每个月只购物一次。

3. 购物一定要有计划

伊科诺米季斯家将这一条视为节约的经典策略。他们认为购物无计划等于给存款判死刑。

4. 提前购买节日物品

每逢重大节日前，伊科诺米季斯家都会提前购买一些节日所需物品，并储备起来，以防节日时涨价。

5. 巧妙利用购物优惠

许多商场、超市都会推出买二赠一、低价大型装等购物优惠活动，伊科诺米季斯家一定会经过反复比较，以最优惠的办法买下所需要的物品。

6. 提前预算不立危墙

伊科诺米季斯先生说："如果你不提前做预算，你就很可能从一个财政危机走入另一个财政危机。"

7. 永不花费超过信封内总金额 80% 的钱

从结婚初期，伊科诺米季斯夫妇就开始采用"信封体系"理财，即每个月把家中的钱放入一个个信封，分别用于买食物、衣服、汽油、付房租，等等，而且永远不花费超过信封内总金额 80% 的钱。

除了上述七大省钱招数外，伊科诺米季斯家还教导我们要掌握各种购物常识，避免出现糊涂账。

（1）长个心眼看促销。如今大卖场都热衷举办"周年庆"之类的大型促销活动，活动期间会以抽奖的方式送出价值不等的产品，如彩电、冰箱、微波炉、餐具之类。很多人以为，在促销期间购买商品一定比平时合算，其实不然。有些商品在大型活动期间不但没有跌价反而价格略微提升，这其中是否有"均摊促销费"的嫌疑？

另外，还有一些大卖场规定在促销期间，消费者要购买一定金额的产品才可参加抽奖，无形中设立了"最低消费额"。

所以，在促销期消费者购物一要理智、二要精明，千万不要盲目购买，造成不必要的浪费。

（2）买促销保健品勿忘索取赠品。大卖场已经成为市民购买保健品的首选场所。大卖场里的保健品不但品种多、价格低，而且往往有赠品相送。

以前，凡是有赠品相送的产品会在陈列架前张贴说明，然后在销售区外设立一个柜台赠送赠品。近年来，很多保健品商家都将赠品拿到销售区来赠送，而且不再张贴字条明示。很多不知情的消费者买了保健品就走，殊不知，如果你找到一边的促销人员并向他询问时，往往能意外获得一些赠品，而且赠品的数量有时是可以"讨价还价"的。

（3）聆听促销人员介绍。促销人员的煽动性有多大，说起来你可能不相信：从一家销售食用油的商家获悉，有没有在大卖场设立促销人员，月营业额可以相差 30%。

多数促销员的话还是比较中肯的，有一定的借鉴作用，但也有一些纯粹是"王婆卖瓜"。如果对产品不太熟悉，最好的办法就是多问几位不同品牌的促销人员，将他们的话综合起来分析，往往会让你迅速地了解不同品牌的各自优势。

（4）开好发票勿忘索取收银条。很多大卖场规定，如果索要发票的话，商家就要收回收银条。而一旦没有了收银条，换退货就会遇到麻烦，商家会说：

"你拿什么证明这产品是在我们这里买的？"

解决的办法是：要求商家在收银条上盖上"已开发票"之类的凭证后将收银条还给你。再不行，可以要求商家在发票上一一注明所购商品，当然，这对开发票的小姐来说实在麻烦，但却良好地保障了你的利益。最重要的是，无论收银条还是发票，都要保存好。

（5）结账时核对单价和数量。如果我告诉你：你在标签上看到的价格不一定就是你付款时的价格，你会相信吗？可事实就是这样。

其实，大卖场里货物价格的更换是很频繁的，有时候因为工作的失误，价格标签可能没有及时更换。很多人冲着标签上的低价乐呵呵地购买，结果实际价格已经更改，吃了个"空心汤圆"。另外，有些价格是会员价，结账时要出示会员卡才能享受。如果正好买了会员价的产品又没有办会员卡，最好的办法就是结账时向别人借一个。所以说结账时千万要耐心核对一下单价和数量。

因此可知，任何的商业行为都无法摆脱获取更多的利润的初衷，有些的促销活动只是"看上去是那样的美丽"，由于营销理念的局限性，商家往往会无意识地设置一些消费陷阱，这时就需要我们的精明，不要怕"丢面子"，实际上，注意一些点点滴滴的细节，不但对你无害，反而有助于你养成良好的理财习惯。

最大化你的购买力

要想在购物时节省开支，就要清楚自己应该消费多少。掌握了一定的方法和技巧的你完全有可能做到最大优化你的购买力，以较低的花费满足自己的购买需求。

如果你希望在购物时节省开支，首先要知道自己应该花多少钱。如果我们记下全家一个月内所有的开支。月底的时候，全部加起来。多数人都会被最终的数字吓一跳，因为这个数字通常比预计的要高很多。事实上，如果我们有了一定的调查、准备和组织，各种商务和家庭用品我们都可以以较低的价格购买到。

1. 光顾小商店

当你需要购买东西的时候，可能毫不犹豫地就去大商场。其实，你可以找一找处于非繁华地段的商店和购物中心。你可能会以更便宜的价格买到需要的商品。因为这些商店客流量不大，你就不用花太多时间去排队。

2. 共同购买

单买一个商品不如让商品的量够多，共同购买的价格可以下降很多，所以，不妨和朋友，或是邻居等一起购买，可以得到比较好的折扣哟！如果老板不肯降价，也没有软化的意思，那就算了，可以到别家试试，获取合理的价格。

3. 定点购物

找到一个物美价廉的商店之后，就经常去光顾。零售商可能会在节日的时候为你这样的老客户提供折扣或优惠券。同样的道理也适用于电话购物。

4. 选择旧货

购买旧货是一个很好的省钱途径。一些专业的跳蚤网站以及旧货市场人气都很旺盛。如果你上网方便，还可在就近城市的二手市场网站注册，随时进行交易。例如王先生曾在一家跳蚤市场注册了用户名，成功地求购了一台九成新的海尔窗式空调，原价 1000 多元，卖方由于要离开深圳，只开了 500 元的价格，保修单、收据一样不少，他一路乐到家。

5. 租赁

在家庭消费中，有些物品买新不如租赁，如必要的生活用品家具、冰箱、微波炉等需要购买的，有些物品可以采用租赁方法，既方便又省钱。如孩子用的童车、专用床、高档玩具、钢琴等都可花小钱租赁，因这些物品有的属于阶段性用品，有的属于价钱较贵的商品，租赁就显得划算多了。又如家用电脑、婚纱、装修用电动工具也可采用租赁的方法。一来电子产品升级换代快，二来有些高档用品只是一次性使用，闲置时间大于使用时间，购买就显得特别浪费。

6. 网络比价

网络的普及大大方便了我们的购物消费，为我们货比三家提供了很大的便利。现在我们若要比价，只要在计算机搜寻相关产品来比较就可以了。如果共同购买的话，网络上也有特别的服务；如果自己的外语程度不错，还可利用网络跨越国界，在其他国家买到更便宜的商品，例如手机等。

当然，需要提醒的是，网络上的交易还是要多小心，除了自己的隐私不要曝光外，如身份证号或是信用卡的卡号也要保证不能轻易被别人获取，以保护自己的权利。

7. 掌握杀价的技巧

杀价其实是一场价格谈判，充分准备就可以省下许多钱，需求愈清楚，信息愈充分，愈能在价格的谈判上取得优势。有些商家十分聪明，当他发现不太有利时，会转而介绍给你另一种商品，一旦你动心了，就只好任凭商家开价，所以，坚持所要买的东西，商家也许就少赚些而售出商品。

跳出花钱的陷阱

所谓"无商不奸"，"买的没有卖的精"。在购物的时候一定要认清消费的陷阱，花钱并不是单纯的节俭度日，花在必需的东西上也是一种节约，一种智慧。

俗话说，买卖不成仁义在。可现在这个物质社会，能做到"仁义"的人实在太少了，这就应了自古就有的那句精辟的话，"无商不奸"，演绎成现在的一句话就是"买的没有卖的精"。所以买的时候一定要认清消费的陷阱，花钱并不是单纯的节俭度日，花在必需的、高品质的东西上也是一种节约，也是一种智慧。

1. 消费之前先问 6 个"什么"

购物是一种生活享受。它不仅能够满足我们的日常需要，而且还能够带给我们愉悦的休闲感受。然而，面对这浩如烟海的商品，在不断增强的消费欲望的驱使下，我们常常会感到无所适从，甚至陷入什么都想买的"困惑"之中。厂商采取各种营销策略来刺激我们的消费欲望，改变我们的消费观念。

对此，消费专家总结出家庭消费的 6 个 W，或许对你过至简生活有所帮助。

（1）What（买什么）。从生存的需求来看，柴米油盐等都是每家每户的基本生活必需品，属于非买不可的东西；从享受需求来看，美味可口的高档食品，做工考究的精美服饰可根据自己的经济状况妥善安置；从发展需求来看，音响是否高级进口，彩电是否超平面大屏幕，虽是生活中所需的，但也并非"必需"的。

（2）Why（为什么要买）。任何一个家庭添置东西之前，尤其是购买那些价格较高，属于发展性需求的物品时，总是会郑重地权衡一下是否必须购置，是否符合家庭成员的共同需求，是否为家庭的经济收入和财力状况所允许。

（3）When（什么时间去买）。购物时如果你能巧妙地利用时间差，同样会使你获益匪浅。如在换季大减价的时候购买时装，就有可能以较低的价格买到较称心的衣服。在夏季的时候买冬季的东西，冬季时买夏季的东西，反季购买往往价格便宜又能从容地挑选。

（4）Where（在什么地方买）。一般情况下，土特产品在产地购买，不仅价格低廉，而且也货真质好；进口货、舶来品在沿海地区购买，往往比内地花费更少。即使在同一地方的几家商店内，也有一个"货比三家不吃亏"的原则。

（5）How（以什么方式去买）。市场经济条件下，各商家之间的竞争愈来愈激烈，"空调大战"、"啤酒大战"等商战此起彼伏。卖主为了清仓脱货，促进资金流转，也会使出浑身解数，开展"有奖销售"、"分期付款"、"以旧换新"、"还本销售"等促销活动。

（6）Who（什么人去买）。买生活必需品、副食品及服装和床上用品等，做妻子的往往比丈夫精明；而购买家电、家具等耐用消费品似乎做丈夫的比妻子内行些。

掌握了这"6个W"，便能把自己的家庭生活安排得较为舒适、美好。当你和家人漫步在街上，面对商场、超市里琳琅满目的商品，光怪陆离的广告，花样百出的促销方式，你便会显得轻松从容，心中有数了。

2. 拒绝免费的午餐

俗话说："买的不如卖的精。"皆因卖的有"底"，买的无"数"，故而买的没有卖的精。为了各自的利益，"卖的"与"买的"永远是一对矛盾体。众所周知，如今在利益的驱使下，消费市场早已不是一片净土，消费者一不小心，就会陷入商家精心设计好的陷阱。

尽管人人都明白"天下没有免费的午餐"，但由于"馅饼心理"的作祟，面对诱惑总是难以抵挡。一些厂商正是利用了人们的这一心理，不断推出免费品尝、咨询、试用等形形色色的促销活动，待消费者免费消费过后，才知道所谓的"免费"，其实是"宰你没商量"。年轻的单身贵族消费具有很大的随机性，因此常常上"免费"的当。

在一个免费为顾客电脑画像的摊位前，单身贵族小谭看到免费画像，就坐下尝试了一下，等电脑上出现了自己清晰的影像后，画像者问："你要相片吗？"小谭随口答道："要。"相片出来后，画像者便来收钱，小谭指着免费宣传牌质问为何要钱？人家振振有词地说："电脑画像的确是免费的，不要相片就不收钱，但你要了相片就得交钱。"

现在买手机、家电等贵重物品的时候，都会有所谓的"优惠"赠券。如果你相信了，最后吃亏上当的肯定是你。

宋小姐在一家手机专卖店买了一款手机，付钱时随赠优惠券一张。优惠券上说了好多优惠活动。比如赠送一张十寸的照片，一张水晶照片，免费三个化妆造型，免费拍照 20 张。听起来很是诱人。于是，宋小姐欣然前往，结果呢？化妆免费，可是粉扑 10 元一个，假睫毛 20 元一对；造型免费，能选的衣服比路边小摊的还差，稍好一点的衣服穿一下 5 元；照片出来后，先给看洗成一寸的小照片，这些小照片要买的话，每张 2 块钱。从里边挑想要的照片，洗一张 20 元，如果只要送的，那些服务员会告诉你，他们业务太忙，你要是要的话一个月以后来取。事先还有 20 元的拍照押金，交的时候说是以后肯定退，最后退的没有几个人。最后，宋小姐花了 200 多元，但是依然没拿回底板。

免费的午餐，不管你信不信，都不要去试。否则，总有吃亏的时候。

3. 逛超市要保持清醒

现代人工作日益繁忙，超市便成为大众购物极为方便的消费广场，商品应有尽有，也能照顾到家人的日常生活所需。不过，如何在琳琅满目的商品中选择物美价廉又不伤钱包的必需品，可就要精打细算一番了！

春节要买年货，家家户户都会去超市采购一番，因为采购的量大，挑选东西的时候往往考虑的时间比较少，冲动性比较大。其实逛超市的时候还是有不少小窍门的。

在逛超市的时候，货架一般都是三层的，你有多少的注意力会放在货架的底层呢？经过研究，只有不足 10% 的人把注意力放在货架底层，60% 的人注意中层，30% 的人注意上层。对整个零售业来说这可是个绝对重要的信息，全球的超市都在因此而调整自己的货架摆放体系。当商家打算增加销售额的时候，他们会把偏贵的产品放在中层和上层。但他们打算追求最高利润的时候，就把对自己利润最高的商品放在中层和上层。那么货架底层都是什么商品呢？当然都是同类产品里便宜或者对商家来说利润偏低的东西喽！对我们老百姓来说，这其中可不乏物美价廉的好东西。

其实，大的商场都在通过研究消费者的心理和行为来指导经营策略。这些经营策略大到超市地点的分布、经营的风格、品牌所面对的目标消费人群，小到超市里的色调、播放的音乐以及货架的摆放。作为消费者的你，了解一些商家常用的策略之后，可以在消费中争取主动地位，避免浪费。

（1）在逛超市之前，最好列一个购物单，严格按照物单上所列条目来购物，那就能好好管住你口袋中的钱了。

（2）如果你是一个平时忙于上班的人，选在周末购物，你可得到特别的惊喜。逛超市，尽量将时间安排在周末。周末虽然人较多，但商家也因此会推出许多酬宾活动，像特价组合或买二送一等的优惠。

（3）超市中的打折商品，优惠实惠很多。商品打折，有的是快到保存期限了，但也有一部分是单纯的促销。像饼干、糖果等零食，若是家人都喜爱的，在看清楚了保存期限后，就可趁特惠酬宾的机会多买几包，这是很划算的。

（4）新产品上市的时候，广告过于夸张，购买时一定要小心谨慎，避免买到不实用的东西。若不是知名的品牌商品，就不要因广告所打出的宣传效果而迷失了自己的判断，因为大部分广告都是为了吸引消费者，实质上并不像宣传的那般神奇。对知名品牌的新产品，试试也无妨，但对不知名品牌的新产品，最好还是等得到大众的认可后，再作考虑。

（5）购物抽奖应该以平常心看待。超市常常举办一些满多少金额就可以抽奖的促销活动。商家刺激的是购物热情，买家在诱惑之下应保持平常心。买该买的东西，抽个奖、拿个小赠品，当然皆大欢喜，但千万不要为了抽奖而盲目购物，否则最后奖没有抽到，还花冤枉钱买了一堆不需要的商品，就得不偿失了。

（6）在超市买完东西以后，要核对发票，以防无谓的支出。核对发票是为了避免收银员将所购物品的数量或价格打错而造成的疏忽。当场核对，发现问题就可以当场解决，省得回家后，再跑一趟，也可避免离开柜台就说不清的事发生。

超市的确是我们生活中购物休闲的好去处，我们也能在超市中放松心情获得乐趣。但在享受购物的乐趣时一定要坚持经济实惠、省钱合理的消费原则。

4. 掀开打折的面纱

曾经流行过这样一句顺口溜——七八九折不算折，四五六折毛毛雨，一二三折不稀奇。

打折就是随意定价的结果，商家一开始就想好了用打折的办法"钓鱼"、蒙人。在打折面前，最好不要冲动，冷静一下，看看这个东西是否真的需要。不需要，打再低的折也不应为其所动。

爱美爱逛街的女士们都知道，现在商家打折的花样可谓五花八门，层层出新，没有细心研究过的不明真相的人，还真能被迷惑，要么掏了冤枉钱，要么和商家展开一场不必要的纷争，真是劳民伤财。为了避免这些事情继续发生，还是一起来掀开打折的神秘面纱吧。

很多商场经常标出"全场几折起"的牌子，女士们请注意，千万不要小瞧了这个"起"字，这个"起"字可是给了商家很大的活动空间。

有一姓关的小姐在打着此招牌的商场里看中了一双品牌鞋，去买单时，品牌鞋却不打折。"那为什么要写'全场6折起'呢？""是为了造声势，这个也不懂。"收银员嘟哝着。

据知情人士透露：实际上真正打这个折扣的商品不足50%。再说那么多商品，利润各不相同，怎么能一刀切地定在6折呢？其实，各个商场的货都是差不多的，打折的幅度在同一时间段也不会有什么大变动，且很多大品牌是不参加商场的打折活动的，它们的促销活动都是全市连锁店统一行动。还有很多新品同样不参加活动，真正打6折的，往往都是那些过时过季的滞销货。

下面几个常见的打折花样，你可要记住了：

(1) 名牌降低折扣清仓。在高档商场，经常会看到一些国际著名品牌服装打折，并且折扣还很低，这顿时就会令你欣喜不已，认为好机会就在眼前。可是仔细一看，都是库存两年以上的旧货，而且有些是断码。要是你不懂点这方面的知识，就会干傻事。要知道衣服也是有寿命的，虽然还没有人穿过，但它的寿命已经缩短了。再说存货跟新品外表看起来毕竟不同，还是不买为妙。

(2) 返券销售。送得越多，更要加倍小心，原因有以下几点：其一，礼券的购买受到严格控制，也就是说，没有几个柜台参加这个活动，只要稍加留意就会看到"本柜台不参加买××送××的活动"的不在少数。其二，到了秋装上市的季节，那些夏天的货品时日无多，赶紧处理。这就意味着你也没多少时间在今年穿了。其三，连环送的形式有原因，由于实际消费过程中一般不可能没有零头，这就无形中使得折扣更加缩小，商家最终受益。其四，要弄清楚送的到底是A券还是B券，A券可当现金使用，而B券则要和同等的现金一起使用。

(3) 免费赠送。你也许会在时装商场看到这样的广告：全部西装买一送一。你最初以为买一套可以送一套，就花了800元买了一套西装，谁知商家却送给你一本小小的通讯录。后来他发现相同的西装在别处才500元。

(4) 限额赠送。有些女同胞总是喜欢那些新奇的小玩意，并称之为"非卖品"。当初之所以痛下买手也是因为看上了这些所谓的"限量赠送"、"特制品"等名头。要知道你这可是为了芝麻丢了西瓜，就为了一个价值不足50元的小玩意而掏出500元买了并不太喜欢的东西，值吗？

(5) 返利销售。初一看，不禁大喜，这不就是打五折吗，好一个美丽的童话！有一位女士同样相信了这个美丽的童话，她看上了一件样式和品质都很不错的羊绒大衣，标价1198元，打5折，心里暗自盘算，只用掏599元就可以买到这件心仪的大衣了。"就要这件吧！"她爽快地对营业员说，营业员开好了小票，她看也没看就朝收银台走去。刷完卡签字的时候，李小姐看到上面698元的金额不仅大吃一惊，去找营业员理论。营业员告之，只有满了200元才付100元，1198元中，1000元只付500元，而零头198元不到200元则要实付，所以就是500元加198元，共计698元。李小姐这才明白过来，想一想卡都刷了，算了吧，下次注意就是了。

打折的花样实在太多了，且形式也日新月异。上面所提到的还只是其中的几种方式，相信还有许多不为人知的手段。不过，真正的打折还是有好处的。所以，要想省钱，做个聪明的消费者，就要清醒地认识到打折的真伪，明白打折的实质，打响你的钱包保卫战。

5. 买东西并非越贵就越好

卖的人精，买的人也不是傻瓜，贵东西必然有它贵的道理。如果是卖家的欺诈行为，以次充好、以假充真等那就另当别论了。

但对这贵东西的"好"则要具体分析，传统认为所谓好，多表现在材料、制造、设计、工艺等方面。在现代社会，"好"的方面要广泛得多——两件材料、制作、工艺完全相同的西服，名牌的比非名牌的就可能贵上好几倍，那些多出来的钱不是花在西服上，而是花在牌子上了。对一些消费者来说，名牌也是一种"好"，两件质量、款式一样的商品，豪华店、精品店卖的就比在普通商场里贵得多。因为前者地处繁华区（店堂房租高）、装修考究、服务周到，这些钱都要让消费者掏腰包，所以它贵得不是没有道理。而消费者买了它的东西，可以用"在某某店买的"为炫耀资本，从这个方面来说也是一种"好"。当然，这"好"完全是因人而异的，有人说那是好，而有人可能会说那是上当。

多元化是现代社会消费的一个重要特征，所谓好与坏的标准常常不能用一根固定的尺子来衡量。可见，东西越贵越好是没错的，只看这"好"是否能为你所接受。只有适合自己的才是最好的。

事实上在正常情况下，商品绝不会既是最好的又是最便宜的，这是我们大家都明白的道理。而要想真正做到令自己满意，首先要对于所谓的"好"有一个切实的标准。比如装修居室：商店里的木地板价格便宜的每平方米30元，但贵的也有100～200元的，论质地更是令人眼花缭乱。这时就不要管价格，而是先就自己房屋装修的档次、规格、颜色等，选择较为满意的木地板。注意：这里的"满意"与装修的好坏程度及个人的审美标准有关，而不是单指东西好坏。在满意的基础上再选取价廉的。如果在这些木地板中，觉得中等档次的与自己的装修水平相适应就叫"满意"，那么可以在这一类里进行选择。当然，你会发现同样符合条件的木地板，每平方米 45 元的比 60 元的合算。

事物不可能两全其美，购买东西也是如此，最适合自己的才是最好的。

6. 名牌消费的高招

名牌的信誉和质量都是毋庸置疑的。比如诺基亚的手机，美的的小家电，佳能的相机，这些品牌的产品都是所在领域的佼佼者。如果想一劳永逸，我们不仅要接近名牌，而且要学会买名牌产品。只有具备了名牌消费的方法，在护住自己腰包的同时又有拥有价廉物美的物品，何乐而不为？

买名牌会让钱包大失血，买仿冒品却又价不如值，时尚女性们若想要消费物超所值，"血拼"前不妨先仔细想想，怎样让你的每分钱都花在刀刃上。

挑选名牌时要注意，东西的价与值是否相符。

购买物品的"价"与"值"一定要相当。价超于值，表示买贵了，是冤大头！如果值超于价，则是捡到便宜！而价与值相当，那就是买得合理、划算。其实，一旦价格超出了价值太多，就不是在买东西，而是在买牌子了。所以，重点在于商品的品质，并不是名牌就是值得买的。

利用打折期间挑选名牌你一定能买到物超所值的名牌。

其实，较符合价与值相当原则的是一般平价的名牌，如果你选对了买的时间，在打折期间，甚至比仿冒品还便宜许多，但是品质却比仿冒品好。而且，还可以试穿，不像仿冒品在路边只能凭目测。

名牌打折其实不难碰到，很多名牌专柜通常都会配合商场做换季甩卖，有时也有"花车特价品"，所以，偶尔逛一逛商场的特卖场，都可以捡到便宜货。

对于消费名牌，也要学会钱要花在刀刃上。

对于名牌而言，价格与品质相差很多的名牌就最好不要买，如果价格与品质相差不是很大，打折后的正牌其实比仿冒品贵不了多少，那当然就该选择买正牌的。

总之，只有价格打了折扣，买名牌才符合理财的原则——划算，让钱财发挥最大的效用。其实，"血拼"是一件相当感性的事，但重点在于商品或服务的价与值一定要相当，才真的有价值。

名牌消费得当，也是省钱的一种策略、消费的一种智慧。只有真正地学会挑选价廉物美的名牌，你的钱袋才不会掏空。

第四章

情绪：做情绪的主宰者

　　情绪在我们的生活和事业中占据了举足轻重的地位。如果我们能正确地运用情绪，将会得到事半功倍的效果；如果无法控制它，就会导致事情走向不可挽回的地步。情绪就是一个典型的天使和魔鬼的结合体，倘若不能有效地运用和管理，你就永远不知道下一步它会给你带来什么。

第一节 情绪是什么

情绪是什么

情绪是人类天性的重要组成部分，没有情绪，我们的生活便将失去色彩。如果我们对情绪没有足够的认识，就会因情绪而犯错。而如果你了解情绪，知道如何管理自己的情绪，那么我们的个人力量就会增加很多。

在日常生活中，我们每个人都会体验到各种情绪，如愉快、难过、厌倦、急躁、抑郁、伤心、悲愤等。情绪(emotion)一词源于拉丁动词"行动"(motere)，加上前缀"e"代表远离，简单直译那就是"远离行动、避免行动"之意。

那么，究竟什么是情绪呢？心理学家曾下过多种定义。美国心理学家利珀认为："情绪是一种具有动机和知觉的积极力量，它组织、维持和指导行为。"著名情绪专家丹尼尔·戈尔曼则认为"情绪是感觉及其特有的思想、心理和生理状态及行动的倾向性"。我国心理学家认为"情绪和情感是指人对客观事物的态度体验及相应的行为反应"。可见情绪是以个体的愿望和需要为中介的一种心理活动。当客观事物或情境符合主体的需要和愿望时，就能引起积极的、肯定的情绪或情感，如在找到真爱体验到的幸福，中大奖后的狂喜。当客观事物或情境不符合主体的需要或愿望时，就会产生消极否定的情绪和情感，如失去亲人时的悲痛，错过与喜欢的歌手见面会的遗憾。由此可见，情绪是个体与环境之间某种关系的维持或改变，随着关系的改变，我们的情绪发生了变化。

情绪由主观体验、外部表现和生理唤醒三部分组成。主观体验是个体对不同情绪和情感状态的自我感受。不同情绪的不同主观体验代表了人们不同的感受。同样的情绪，不同的人的感受也不尽相同。同样是愉快的情绪，有人的主观体验是如同吃了蜜一般，有人却可能描述说就像用牛奶沐浴的那种感觉。情绪的外部表现，通常称为表情。它是在情绪状态发生时身边各部分的动作量化形式，包括面部表情、姿态表情和语调表情，体态语言、手势、抑扬顿挫等就是表情的内容。我们常说的"察言观色"中的"色"亦表达相同的含义。主观体验是和相应的表情模式联系在一起的，如愉快的体验必然伴随喜形于色或手舞足蹈的。生理唤醒则指情绪产生时的生理反应，它是一种生理的激活水平。不同情绪的生理反应模式是不一样的。比如愉快时心跳节律正常，恐惧时心跳加速、血压升高、呼吸频率增加甚至出现停顿。

虽然情绪无时无刻不与我们同在，但在对情绪的认知上却有很多谬误之处。例如，不少人认为：

"我天生就是多愁善感的。"——情绪是与生俱来的。

"不知何时才能驱走这份惆怅！"——情绪是无可奈何、无法控制的，无从预防，来了又无法驱走。

"不要把情绪带回家！"——虽然有上面的信念，但同时又要求别人在需要时把情绪抛掉。

"一看见他那个模样，我就冒火！"——情绪的外因是外界的人、事、物。

"不准在客人面前这个样子！"——情绪有好坏之分：愉快、满足、安静就是好的，愤怒、悲哀、焦虑就是修养不够。

"我有什么办法，不忍，难道发火？"——不好的情绪，不是忍在心里，就是爆发出来，只有这两个办法。

"最近没有心情，什么都不想做。还是等心情好的时候再说吧！"——情绪控制人生。

"每次他这样我都冒火，这十年我过得真辛苦！"——事情与情绪牢不可分。

以上对情绪的认知都是错误的。很多人对情绪存在错误的认识，因而总是感到无力、无助和无望。我们从对人的作用，或者从"人生的意义"这个角度去看，情绪有7种意义。

1. 情绪是生命不可分割的一部分

从生理学的角度分析，情绪其实是大脑与身体相互协调和推动所产生的生理现象。因此，一个正常的人，必然是有情绪的。不但如此，没有某些情绪的人，其实是有缺憾、不完整的人，其人生不是有欠缺，就是极其痛苦。

2. 情绪绝对诚实可靠和正确

除非我们内心的信念、价值观有所改变，否则，对同样的事我们自然会有同样的情绪反应。如果你对某些话或者某些事物特别反感，或者特别害怕，每次偶然遇上这些情况，你的惊叫、跳开或者其他的行为，不是每次都一样，并且马上出现吗？某人的嘴脸、他说的某些话，每次遇到不是都触动起你同样的情绪反应吗？

3. 情绪从来都不是问题所在

如果你感到不适去看医生，医生说你的额头很烫，需要做手术切除，你会觉得这个医生精神有点不正常了。人人都知道额头很烫是身体有病的症状，可能是肠胃有毛病，也可能是感冒，但99.9%不会是额头本身的问题。症状使我们知道健康有问题，但它本身不是问题。情绪也是一样，它只是症状而已，可是绝大部分人都把情绪看作是问题本身，如：家长往往都针对孩子出现的情绪而加以指责，目的只是制止情绪。情绪只是告诉我们：人生里有些事情出现了，需要我们的处理。

4. 情绪是教我们在事情中该有所学习

人生中出现的每一件事，都提供给我们去学习怎样使人生变得更好的机会。情绪的出现，正是保证我们有所学习。每份情绪都有其意义和价值，不是指给我们一个方向，便是给我们一份力量，甚至两者兼有。如果我们没有不甘心被别人看低的感觉（愤怒），我们便不会如此发奋。就正如我们如果没有痛的感觉，便不会把手从火炉中抽回。试想如果我们没有恐惧，生命会变得多么脆弱。

5. 情绪应该为我们服务，而不应当成为我们的主人

情绪，如果能妥善运用，是可以使人生变得更好的。只是，要实现"应用"的可能，必须先使他臣服，受你驾驭。情绪既是生命的一部分，就像我们的手与脚、过去的经验、积累的知识能力等，是为我们服务，使人生更美满的。可惜的是，今天社会上有很多人都陷入了迷茫苦恼中不能自拔，成为自己情绪的奴隶，而不是驾驭自己情绪的主人。这情况是可以扭转的，有很多技巧可以帮助每一个人做自己情绪的主人。

6. 情绪是经验记忆的必需部分

我们的大脑在把摄入的资料储存为记忆的过程中，把这些资料的意义决定下来是最重要的一个程序，称之为"编码"程序。这个程序其实是把摄入的资料与已存的过去资料作比较合并后得出的模糊意思，经由我们的信念、价值观和规条系统做一次过滤，所得出的意义才能纳入我们的记忆系统作长期储存。这份意义必有一份感觉并存。没有此等感觉的，便是没有做或者未做好"编码"的程序。何以见得？你少年时在学校曾经熟读的那些书的内容，现在还记得多少？相反小学三年级时被老师罚站在教室门外的一次经历，却

永世难忘。为什么呢？那便是因为前者未做好"编码"工作，而后者做好了。如果说《长恨歌》那么长的唐诗你也记得，那是因为诗中的每一句，你都有很深的感觉。所以，感觉是记忆储存的必需部分。

7. 情绪就是我们的能力

活到今天，你当然拥有很多能力，在很多事情上，你都有自信、勇气、冲动、或者是冷静、轻松、悠然，或者是坚定、决心，也或者是创造力、幽默感，更或者是敢冒险、灵活、随机应变……所有这些能力，细想一下，你会发觉都是一份感觉，一份内心里的感觉。即使有知识、技能和其他的资源去助你，使用这些资源的原动力，仍是这份内心里的感觉。没有这份感觉，我们即使具备了这些资源也不会去用，或者用不好。

情绪的特点

人类有数百种情绪，其间又有无数的混合变化与细微差别。情绪之复杂远非语言能及。情绪具有两极性和稳固性；情绪经常呈现从弱到强，或由强到弱的变化；情绪是智力活动的结果。

人都是有感情的，正如雨果所说："比大海更浩瀚的，是人的心灵。"情绪一词在人们的生活用语中经常出现，人们在使用这个词时并不感到困难，互相之间在认识和理解上也没有多大的分歧和误解。大家都知道，观看一场扣人心弦的体育比赛会使人产生兴奋和紧张；失去亲人会带来痛苦和悲伤；完成一项任务或工作后会感到喜悦和轻松；受到挫折时会悲观和沮丧；遭遇危险时会出现恐惧感；面对敌人的挑衅时会产生压抑不住的愤怒；在工作不称心时会产生不满；在美好的期望未变成现实时会出现失落感；而在面临紧迫的任务时会感到焦虑。这些感受上的各种变化就是我们通常所说的情绪。

我们已经知道了情绪是很复杂的，人类有数百种情绪，其间又有无数的混合变化与细微差别。情绪之复杂远非语言能及。

1. 情绪具有两极性

情绪首先表现为肯定和否定的对立性质，也就是情绪具有两极性，如满意和不满意、愉快和悲伤、爱和憎，等等。而每种相反的情绪中间，存在着许多程度上的差别，表现为情绪的多样化形式。处于两极的对立情绪，可以在同一事件中同时或相继出现。例如，儿子在战争中牺牲了，父母既体验着英雄为国捐躯的荣誉感，又深切感受着失去亲人的悲伤。

情绪的两极性可以表现为积极的和消极的。积极、愉快的情绪使人充满信心，努力工作，消极的情绪则会降低人的行动能力。消极情绪不仅影响自己的心情和思维，也会影响他人对你的看法。

然而，对于不同的人，同一种情绪可能同时具有积极和消极的作用。例如，恐惧会引起紧张，抑制人的行动，减弱人的神志，但也可能调动他的精力，向危险挑战。

情绪的两极性还可以表现为激动和平静。激动的情绪表现强烈、短暂，然而可能是爆发式的，如激愤、狂喜、绝望。人在多数情景下处在安静的情绪状态，在这种状态下，人能从事持续的智力活动。

紧张和轻松也是情绪两极性的表现。紧张决定于环境情景的影响，如客观情况赋予人的需要的急迫性、重要性等，也决定于人的心理状态，如活动的准备状态、注意力的集中、脑力活动的紧张性等。一般来说，紧张与活动的积极状态相联系，它引起人的应激活动。但过度的紧张也可能引起抑制，引起行动的瓦解和精神的疲惫。

2. 情绪具有不稳定性

情绪经常呈现出从弱到强，或由强到弱的变化，如从微弱的不安到强烈的激动，从快乐到狂喜，从微愠到暴怒，从担心到恐惧，等等。情绪的强度越大，整个自我被情绪卷入的趋向越大。不同的情绪表现形式，能够成为度量情绪的尺度，如情绪的强度、情绪的紧张度、情绪的激动程度、情绪的快感程度、情绪的复杂程度等。

情绪的稳固程度和变化情况，就是情绪的稳固性。情绪的稳固性与情绪的深度也是密切联系着的。深厚的情绪是稳固持久的，浅薄的情绪即使很强烈，也总是短暂的、变化无常的。

情绪不稳固首先表现在心境的变化无常上。情绪不稳固的人，情绪变化非常快，一种情绪很容易被另一种情绪所取代，人们经常用"喜怒无常"、"爱闹情绪"等来形容。

情绪的不稳固还表现在情绪强度的迅速减弱上。这类人开始时往往情绪高涨，但很快就冷淡下来，人们经常用"转瞬即逝"、"三分钟热度"来形容他们。

情绪的稳固性是性格成熟的标志之一，稳固的情绪是获取良好人际关系的重要条件，也是取得工作成绩和人生成功的重要条件。

情绪对人的生活能发生作用，这就是情绪的效能。情绪效能高的人，能够把任何情绪都化为动力。愉快、乐观的情绪可以促使人们积极工作，即使悲伤的情绪，也能促使他"化悲痛为力量"。情绪效能低的人，有时虽然也有很强烈的情绪体验，但仅仅停留在体验上，不能付诸行动。

愉快、乐观等积极性情绪使人陶醉于这种氛围中，从而延迟、停止、放弃行动。悲伤、抑郁的情绪则使其不能自拔，也使其延迟、停止、放弃行动。

3.情绪与智力密切相关

人的情绪与智力有密切关系，没有智力的人缺乏对外部世界的认识和体验，亦无法生发出某种特定的情绪。所以，情绪也是智力活动的结果。

情绪占据了人类精神世界的核心地位。社会生物学家指出，危急时刻的情绪高于理性，发挥着主导作用。当人们面临危险、屡遭挫败，仅靠理智不足以解决问题，还需情绪作为引导。在任何时候，人们都不会忽视情绪的力量。著名的泰坦尼克号沉没的时候，年老的船长平静地留在轮船上，安心地面对死亡。他的行为感动了许多人，致使这些人在大灾难和即将来临的死亡面前，表现得异常镇静，这充分显示了情绪在人类生活中的重要性。

仅凭经验就可知道，进行决策或采取行动时，情绪与理智是并驾齐驱的，有时甚至是情绪略占上风。人们把由智商所评定的纯理智看得太重，强调得太过分了。其实，当情绪独霸天下时，理智根本就无能为力。

情绪的表现形式

情绪的表现形式是多种多样的，我们会在日常生活中明显地感受到别人的喜怒哀乐，但更多时候情绪是隐性的，即使它并不通过人的面部表情和语言表现出来，但你仍可以感觉到它的存在。

我们依据情绪发生的强度、持续的时间、紧张的程度，用心理学的方法可以把情绪分为心境、激情和应激反应。

1.心境

心境是一种常见状态，又叫心情，在心理学的概念上，它是一种在一段时间内具有持续性、扩散性，而又不易觉察的情绪状态。心境对人的精神状态影响很大，因而对人的生活、工作、学习有直接而明显的影响。人们处在某种心情时，这种心情会扩散到活动的过程中，往往使其以同样的情绪状态看待一切事物。人的心情好时，会有万事皆如意的感觉。当人在情绪不好亦即心境不好时，干什么都提不起精神。

心境的变化受外界的影响，也可以由自己身体的自我感觉（如健康状况）引起。稳定的心境与人的个性特征有关。乐观洒脱的人心境愉快的时候多，悲观狭隘的人心境郁闷的时候多。引起不同心境的原因，不是每个人都能意识到。经常听到有人说："不知道怎么搞的，这几天烦透了。"当意识到自己的心境不好时，就应当设法改变这种情绪状态了。

除了一些飘忽不定、影响时间较短的心境外，每个人还有各自独特的稳定心境。

稳定的心境由一个人占主导地位的情绪体验决定。有的人总是生气勃勃、笑口常开，这种人愉快的心境占主导地位；有的人总是死气沉沉、愁容满面，这种人忧伤的心境占了主导地位。健康的身体、积极向上的生活态度、和谐的人际关系等，都是形成积极性稳定心境的必要条件。

2．激情

激情是指在较短时间内，来势较猛、整个身心都处在激动中的情绪状态。如狂喜、亢奋、盛怒、悲恸、恐惧、绝望等，都是人处于激情中的具体表现。

人处于激情状态时，皮层下神经中枢失去了大脑皮层的调节作用，皮层下中枢的活动占了优势。人的自我控制能力减弱，会发生"意识狭窄"现象，下意识地做出与平常行为很不相同的举动。但是，人在激情状态下，并非完全意识不到或不能控制自己。在相当大的程度上，激情也是可以控制的，比如，在情绪还没有达到激情状态时，及时加以调节，在很大程度上可以避免激情出现。

积极的激情，可以调动起身心的巨大潜力，对工作和生活产生积极的作用。许多创造性的作品就是这样产生的。消极的激情则会使人冲动、呆滞和失去理智，盛怒就是一种消极的激情。消极的激情使人表情难看，容易使人失去理智，在愤怒的驱使下，甚至连说话都语无伦次，常出现类似的消极激情，对人的身心有巨大的影响。

3．应激反应

应激反应是在出乎意料的紧急情况所引起的急速而高度的紧张情绪状态。人们在生活中经常会遇到突发的事件，它要求人们及时而迅速地做出反应和决定，对应这样紧急情况所产生的情绪体验就是应激反应。在平静的状况下，人们的情绪变化差异还不是很明显，而当应激反应出现时，人们的情绪差异立刻就显现出来。应激反应在表现方式和结果上也是千差万别。更多时候，有经验的人比没有经验的人在处理应激情况时更擅长。性格、态度和心理素质水平也决定了在特定情况下人们能力及其处理结果的差异，但人们如果经常处于应激反应之下，他的情绪必然是紧张的。身心都处在长期紧张之中的人更容易表现出极端现象。研究表明：长期处于应激状态会使人体内部的生化防御系统发生紊乱和瓦解，身体的抵抗力低下，失去免疫能力，更容易患病。所以我们不可能长期处于高度紧张的应激反应中。

美国纽约大学的神经系统学者勒杜，对这种现象从生理上做出了解释。他发现了大脑中的一种通路，这条通路使情绪在智力还没有介入之前，就驱使人做出行动。

例如一个人在森林中徒步行走，他眼角的余光突然发现了一条长而弯曲的东西，他脑子里蓦地窜出蛇的样子，下意识地跳到了一块石头上。但他仔细察看这个东西后，紧张的心情释然了，原来那是一根青藤而不是蛇。于是他调整了最初的反应。这最初的反应，就是大脑的情绪反应与智力反应的通路。在应激状态下，出现大脑中情绪与智力的通路是正常的、可以理解的。然而，有些人稍遇情绪波动，就产生这种通路，产生感情冲动，以感情代替理智、以感情冲击理智。这类人很难调节自己的情绪。

情绪的力量

人的力量有很多种，例如肌肉的力量、头脑的力量。情绪也是一种力量，它是一种源于人内心的力量。

有这样一件事：一次火灾中，受灾人家的 60 多岁的阿婆从火场中抢救出一个大铁箱，待到火扑灭后，却无论如何也搬不回去了。这说明，人的情绪比肌肉蕴藏着更大的力量。《憨山大师年谱》载，憨山和尚 30 岁时在五台山参禅修定，食物仅有 3 斗米和麦麸，和野菜食之，半年尚有余。定中发悟后，变得精力超常，在募造转经轮期间，他主持操办，"经营九十昼夜，目不交睫"，而精力充沛，没有睡意。起初主持做水陆佛事七昼夜，他于"七日之内，粒米不餐，但饮水而已，然应事不缺"，大大超越了常人的生理极限。而这一切，都是通过佛教的"禅定"练习来调节自己的情绪，从而增强了自己身体的力量。

海伦·凯勒刚出生时，是个正常的婴孩，能看、能听，也会咿呀学语。可是，一场疾病夺去了她的视觉和听说能力——那时她才 19 个月大。生理的剧变，令小海伦性情大变。稍不顺心，她便会乱敲乱打，野蛮地用双手抓食物塞入口里；若试图去纠正她，就会在地上打滚乱嚷乱叫，简直是个十恶不赦的"小暴君"。父母在绝望之余，只好将她送至波士顿的一所盲人学校，特别聘请一位老师——安妮·沙莉文女士照顾她。

在沙莉文女士的帮助下初次领悟到语言的喜悦时，那种令人感动的情景，实在难用笔述。海伦曾写道："在我初次领悟到语言存在的那天晚上。我躺在床上，兴奋不已，那是我第一次希望天亮——我想再没其他人，可以感觉到我当时的喜悦吧。"仍然是失明，仍然是瞎眼的海伦，凭着触觉——指尖去代替眼和耳——学会了与外界沟通。她10岁的时候，名字已传遍全美，成为残疾人士的模范。1893年5月8日，是海伦最开心的一天，这也是电话发明者贝尔博士值得纪念的一日。贝尔博士这位成功人士在这一天成立了他那著名的国际聋人教育基金会，而为会址奠基的正是13岁的小海伦。

若说小海伦没有自卑感，那是不确切的，也是不公平的。幸运的是她自小就在心底里树起了颠扑不灭的信心，完成了对自卑的超越。小海伦成名后，并未因此而自满，她继续孜孜不倦地接受教育。1900年，这个学习了指语法、凸字及发声，并通过这些手段获得超过常人的知识的20岁的姑娘，进入了哈佛大学拉德克利夫学院学习。她说出的第一句话是："我已经不是哑巴了！"她发觉自己的努力没有白费，兴奋异常，不断地重复说："我已经不是哑巴了！"4年后，她作为世界上第一个受到大学教育的盲聋哑人以优异的成绩毕业。

海伦不仅学会了说话，还学会了用打字机著书和写稿。她虽然是位盲人，但读过的书却比视力正常的人还多。她著了七册书，而且比"正常人"更会鉴赏音乐。海伦的触觉极为敏锐，只需用手指头轻轻地放在对方的唇上，就能知道对方在说什么，把手放在钢琴、小提琴的木质部分，就能"鉴赏"音乐。她能以收音机和音箱的振动来辨明声音。又能够利用手指轻轻地碰触对方的喉咙来"听歌"。如果你和海伦·凯勒握过手，5年后你们再见面握手时，她也能凭着握手来认出你，知道你是美丽的、强壮的、体弱的、滑稽的、爽朗的，或者是满腹牢骚的人。

海伦的事迹在全世界引起了震惊和赞赏。她大学毕业那年，人们在圣路易博览会上设立了"海伦·凯勒日"。她始终对生命充满信心，充满热忱。她喜欢游泳、划船，以及在森林中骑马。她喜欢下棋和用扑克牌算命，在下雨的日子，就以编织来消磨时间。她虽然没有发大财，也没有成为政界伟人，但是，她所获得的成就比富人、政客还要大。第二次世界大战后，她在欧洲、亚洲、非洲各地巡回演讲，唤起了社会大众对身体残疾者的注意，被《大英百科全书》称颂为有史以来残疾人士最有成就的代表人物。

可以想象，如果海伦·凯勒不能在安妮·沙莉文女士的帮助下，从童年的绝望情绪中走出来，建立起自信的情绪，就绝对不可能有后来的成就，只能成为一个普通的，甚至是终日怨天尤人的残疾人。

情绪为什么会失控

个性影响着对暴躁情绪的管理能力。每个人的个性不一样，有些人的个性很容易被激怒，情绪则容易失控；而有些人的忍耐力比较强，情绪受控力则比较强。

人生活在纷纭繁复的世界上，经常会遇到一些令人恼怒的事，小则令人生气，大则惹人动怒。一般来说，生气发怒乃是一种正常的感情宣泄，怒过了，心情也就慢慢趋于稳定。故轻微发怒，算不了什么大事。但是为什么有些人会为某些事生气，而有些人却不会？为什么有些人似乎老是比其他人容易生气？而有些人却可以很轻易地处理生气的感觉和面对让人生气的人？可以这样说，个性在影响你对暴躁情绪的管理能力。每个人的个性不一样，有些人的个性很容易被激怒，情绪则容易失控；而有些人的忍耐力比较强，情绪受控力则比较强。这主要表现在以下两种鲜明的个性中：

1. 急躁的个性

个性急躁的人一般很容易自满且较为果断，喜欢处于领导地位。如果你问他要不要看电影，他可能会立刻回答："当然好啊！我知道有一部电影不错。你7点来找我吧。"

个性急躁的人通常自我期望很高，他们常会为自己设定极高的目标，擅长挖苦别人，也习惯指使他人，一旦别人没有顺其意，就会相当激动，特别是如果别人是因为动作慢，无法在自己设定的期限内完成事情时，他们会更生气。而且，如果有人取代他们的地位，他们会非常沮丧和气愤。

个性急躁的人一心想要拥有权力和控制别人。他们很可能会用打人或大吼来表现生气，以显示出他们的权势并威吓别人。

2. 沉稳安静的个性

个性沉稳的人一般来说是很安静的，他们很值得信赖，爱整洁，而且做事利落有条理。特别是如果有一定的规则可以遵守时，他们做起事来会特别精准，因为他们觉得这样做能节省他们的力气。

然而，除非他们确定一定会成功，否则他们宁愿放弃可能的赞赏，也不愿冒险或尝试新的东西。

如果你问一个个性沉稳的人要不要一起去看电影，他的回答通常会视情况而定，看看他是否习惯和你去看以及他是否习惯在那个时间去看电影，如果不是，他可能会告诉你："谢谢你的邀请，但今晚我还有别的事情。"

个性沉稳的人似乎有强烈的需要，希望他们的努力能得到回报，如果没有，他们会感觉相当不舒服。

个性沉稳的人总是让别人觉得他们相当固执、爱评断，而且过分严厉和吹毛求疵。他们生气时最典型的反应就是经常会自己生闷气，或是不和人说话。然而当别人生气时，他们也会感觉全然无助、不知所措。

第二节　轻松卸下情绪的重负

来个角度变换

生活中难免有许多不尽如人意的地方，这些都会影响到我们的情绪，但我们不必太钻牛角尖，换个角度来看问题，或许你就会有意料不到的收获，你的生活也就会不断充满希望与喜悦。

有这么一个故事：在波涛汹涌的大海中，有一艘船在波峰浪谷颠簸。一位年轻的水手爬向高处去调整风帆的方向，他向上爬时犯了一个错误——低头向下看了一眼。浪高风急顿时使他恐惧，腿开始发抖，身体失去了平衡。这时，一位老水手在下面喊："向上看，孩子，向上看！"这个年轻的水手按他说的去做，重新获得了平衡，终于将风帆调好。船驶向了预定的航线，躲过了一场灭顶的灾难。

是啊，换个角度看问题，视野要开阔得多，即使处在同一个位置。我们未尝不可从多个角度去分析事物、看待事物。换个角度，其实，很多时候，是在多给自己一份信心，多为自己创造一些机会。

也许，某一次在公交车上你被急急忙忙跑上车的乘客狠狠踩了一脚，你怒不可遏，刚想发作，对方说了一声"对不起"，你也忽然想起某一天上班差点要迟到了，公车却迟迟不来，最后在等了15分钟后，你急匆匆地窜上一辆拥挤不堪的公交车，不小心踩了一位时髦姑娘的脚，被她狠狠骂了一顿……于是你想到，或许眼前这位乘客也是太急了，或许他也遇上了什么麻烦事……

如果我们能从另一个角度看人，说不定很多缺点恰恰是优点。一个固执的人，你可以把他看成是一个"信念坚定的人"；一个吝啬的人，你可以把他看成是一个"节俭的人"；一个城府深的人，你可以把他看成是一个"能深谋远虑的人"；一个自大的人，你可以把他看成是一个"自信心强的人"；一个喜欢发脾气的人，你可以把他看成是一个"感情丰富"的人。

拥有好情绪，你要试着换个角度看问题。如果你总觉得你对社会、对他人付出很多，而没有得到回报，你自然很难宽容别人。所以，你要多想想过去生活中的事情。

安徒生有一则《老头子总是不会错》的童话，说的是乡村里住着一对清贫的老夫妇。有一天，他们想把家中唯一值点钱的马，拉到市场上去卖掉以便换点更有用的东西。于是，老头子牵着马去赶集了，他先用马与人换了一头母牛，又用母牛去换了一只羊，再用羊换来一只肥鹅，又把鹅换成了母鸡，最后用母鸡换了别人的一口袋烂苹果。在每次交换时，他都想给老婆子一个惊喜，结果却越换越糟。

当他扛着一大袋烂苹果到一家小酒店歇息时，遇上两个英国人。闲聊中他谈了自己赶集的经过，两个英国人听后哈哈大笑，说他回去准得挨老婆子一顿揍。老头子却坚决地摇着头说绝对不会，于是两个英国人就用一袋金币跟他打赌，三个人一起回到老头子家中。老婆子见老头子回来了，非常高兴，她兴奋地听着老头子讲赶集的经过。每听老头子讲到用一种东西换了另一种东西时，她都充满了对老头的钦佩。她嘴里不时地说着："哦，我们有牛奶了！""羊奶也同样好喝。""哦，鹅毛多漂亮！""哦，我们有鸡蛋吃了！"最后听到老头子背回一袋已经开始腐烂的苹果时，她同样兴高采烈，大声说："那我们今晚就可以吃到苹果馅饼了！"结果，老头子赢得了那一袋金币。

故事中的老妇真是一个宽容的人，虽然老头越换越糟。但是，她能够换个角度看问题，认为是老头想给她惊喜，所以并不责怪他得到的东西一次比一次少，而是从积极的方面考虑，不计较失去了什么，而只关心得到了什么。所以她总是会快乐的，总会对生活充满信心。

我们常常听到有人抱怨自己的容貌不是国色天香，抱怨今天天气糟糕透了，抱怨自己总不能事事顺心……刚一听，还真认为上天对她太不公了，但仔细一想，你为什么不换个角度看问题呢？容貌是天生的你不能改变，但你为什么不想一想，展现笑容说不定会美丽一点；天气不能改变，但你能改变心情；你不能样样顺利，但可以事事尽心，你这样一想是不是心情好很多？

生活中难免有许多不尽如人意的地方，但我们不必太钻牛角尖，换个角度来看问题，或许你就会有意想不到的收获，你的生活也就会不断充满希望与喜悦。

有时，我们不妨学会淡泊一点。淡泊，就是恬淡清心，不被名利、金钱、权势等困扰，能看清身外之物，不要总想着我付出了那么多，我将会得到多少这类问题。一个人身心疲惫，情绪波动，就是因为凡事斤斤计较，总是计算利害得失。如果把握住一份平和的心态，换个角度，把是是非非、纷纷扰扰看作人生必要的心理锻炼，那么，谁都无法摧毁你，哪里还有什么挫折、失败和种种负面情绪伤害到你呢？

30分钟的放纵

当我们感受情绪紧张时，不妨来个30分钟的放纵，跳出现有的生活，换一个另类的生活。角度的转换会让人找回新鲜感，找回生活的乐趣。

每天沿着同一条路线走来走去，你觉得枯燥吗？

每天朝九晚五地上班下班，你觉得乏味吗？

现代生活越来越禁锢着人们的思维，生存的危机感和责任感使得我们每一个人都不得不按照相同的模式去生活，久而久之，一成不变的生活开始让我们觉得乏味、无奈，于是，情绪的危机也逐渐开始蔓延。其实，我们完全可以找出一个突破口，释放自己，放纵一回。

喝可乐喝出经验的人都知道这个小窍门：一瓶可乐经过一段时间的颠簸，如果你一下子打开，可乐就会喷涌而出，溅得到处都是；但是如果慢慢地扭开盖子，开一下再关紧，然后再慢慢旋转，三次之后，完全打开，可乐一定是乖乖地躺在瓶子里。

情绪正如瓶子里的可乐，情绪的力量是可以蓄积的。陷入情绪束缚的我们通常都会觉得心情降到冰点，莫名其妙地悲伤，莫名其妙地愤怒，莫名其妙地恐惧。在这个时候，如果一味地压抑，只会产生和可乐爆发一样的效果，而如果一点点地释放情绪，适当地放纵自己，会得到意想不到的收获。在职场，情绪化的人往往被贴上"不够成熟"的标签，但克制也不总是美德，如今自然主义风潮至上，有相当比例的人都觉得偶尔放纵一下情绪有利身心健康。陷入紧张情绪的我们，常常会无力迎接生活的挑战。

很多时候，忙碌的现实生活，仿佛让我们变成了一把始终强劲拉开的弓箭，我们要是始终绷紧神经，老是处于紧张状态，就会导致身心疲惫，在需要冲刺的关键时刻，往往有心无力，难免败下阵来。如果适当地放纵一下，就可以缓解紧张的情绪，找到一个新的突破口。不过，怎样放纵倒成了一个难办的问题。

放纵本来是"无拘无束"的意思，但是经过报纸、杂志的宣传，它渐渐给人的印象就是一个贬义词，与"纵情、滥情、不负责任"等词紧密地联系起来。而在日常生活中，也出现了不少因为放纵而追悔莫及的事情。但是，在这里，请你丢掉脑中关于放纵的一切成见，其实，健康的放纵方式有很多。

一个关于中国国内消费的调查结果显示，46.1%的女性在发泄情绪的时候会选择购物来放纵自己，大家形象地称之为"血拼"。有句话说："女人一生气，商场就发笑。"据说，"情绪化"为女性的第四性征，面对坏情绪，大多数女性选择的是先让自己放松下来。尤其是"血拼"这点更是受到了大多数女性的喜欢，这种方法对于缓解临时的坏情绪十分有利。这一点也是女性比男性长寿的原因。但是，购物往往是花费巨大，并不是我们鼓励大家去做的事情。

当我们感觉情绪紧张时，不妨来个30分钟的放纵，这个30分钟的放纵，其实更多的意思是说"跳出现有的生活，换一下另类的生活"。角色的转换会让人找回新鲜感，找回生活的乐趣。我们热爱我们的生活，却也习惯于它的平凡和波澜不兴。如果可以从另外的角度去感受生活，生活也许就会变成一首诗、一幅画，或者一个冰淇淋，而不再是车轮碾过的废墟。

什么事情都有一个度，放纵也是这样。你可以随心所欲地玩乐，发泄你的情绪，但是一定要知道如何停下来。因为，只有知道该如何停止的人，才知道该如何高速前进。

给自己30分钟，选择一个切合自己的方式，适当地放纵一下吧！

朋友是最好的药

无论你在生活中还是工作中遇到不愉快的事情时，不要老把它放在自己的肚子里进行自我"消化"，你可以找亲近贴心的朋友倾吐自己心中的块垒。朋友的劝慰，也许就是一剂灵丹妙药，能很快帮你解决思想上的不愉快和你所想不通的问题。

巴尔扎克曾说过："独自一个人可能灭亡的地方，两个人在一起可能得救。"这句话形象地说出了朋友的重要性。中国古代就流传着反映朋友之间情谊的伯牙摔琴谢知音的故事。

一天，俞伯牙在弹琴。琴声高昂激越，砍柴人钟子期闻声驻足道："太好了！巍巍峨峨，好似泰山。"琴声弹出奔腾回荡的流水时，钟子期又说："太好了！多么宽阔，有如长江黄河。"从此，俞伯牙和钟子期成了朋友。钟子期死后，俞伯乐摔断琴弦，不再弹琴，以此酬谢钟子期这位难得的"知音"。"高山流水遇知音"的佳话流传千古，"知音"不仅成了知心朋友的代名词，也成了高洁友谊的象征。

当我们的祖先——猿从树上来到地面，他们用最原始的语言沟通，然后一起找寻食物、搭建房屋，对抗外界的风雨灾难从而逐渐演变并诞生了人类社会。人的群居性与生俱来。在日常生活中，除了父母，我们最信赖的人就是朋友。朋友在大庭广众之下能维护你的尊严和声誉；在僻静之处，能指出你的缺点和错误。你富有时，他不求什么回报；你贫穷时，他会解囊相助；你成功时，他会为你祝福，为你快乐；你危难时，他会将支持和鼓励无私地给予你；当你情绪不佳的时候他会包容你；在你陷入低谷的时候鼓励你，在你危难的时候挺身而出。

曾经在越南的一家孤儿院里发生了一件感人至深的事件。由于飞机的狂轰滥炸，一颗炸弹被扔进了这个孤儿院，几个孩子和一位工作人员被炸死了，还有几个孩子受了伤，其中有一个小女孩流了许多血，伤得很重！

幸运的是，不久后一个医疗小组来到了这里，小组只有两个人，一个女医生、一个女护士。

女医生很快地进行了急救，但在那个小女孩那里却出了一点问题，因为小女孩流了很多血，需要输血，可是带来的血浆不够用。于是，医生决定就地取材，她给在场所有的人验了血，终于发现有几个孩子的血型和这个小女孩是一样的。可是，问题又出现了，因为那个医生和护士都只会说一点点的越南语，而在场的孤儿院的工作人员和孩子们只听得懂越南语。

于是，女医生尽量用自己会的一点越南语加上一大堆的手势告诉那几个孩子："你们的朋友伤得很重，她需要血，需要你们给她输血！"终于，孩子们点了点头，表示听懂了，但眼里却藏着一丝恐惧！没有人吭声，没有人举手表示自己愿意献血！

忽然，一只小手慢慢地举了起来，但是刚刚举到一半却又放下了，过了一会儿又举了起来，再也没有放下！

医生很高兴，马上把那个小男孩带到临时的手术室，让他躺在床上。小男孩僵直地躺在床上，看着自己的血液一点点地被抽走，他的眼泪不知不觉地顺着脸颊流了下来。医生紧张地问是不是针管弄疼了他，他摇了摇头。但是眼泪还是没有止住。医生开始有点儿慌了，到底是怎么回事呢？

就在这个时候，一个越南的护士赶到了这个孤儿院。女医生把情况告诉了越南护士。越南护士忙低下身子，和床上的孩子交谈了一下。不久后，孩子竟然破涕为笑了。

原来，那些孩子都误解了女医生的话，以为她要抽光一个人的血去救那个小女孩。一想到不久以后就要死了，所以小男孩才哭起来了！医生终于明白为什么刚才没有人自愿出来献血了！但是她又有一件事不明白了，"既然以为献过血之后就要死了，为什么他还自愿出来献血呢？"医生问越南护士。

于是，越南护士用越南语问了一下小男孩，小男孩不假思索地很快就回答了。这个答案很简单，只有几个字，却感动了在场所有的人。

他的答案是："因为她是我最好的朋友！"

我们可以说，人的一生可以没有任何金银财宝，也可以没有任何名誉利益，但就是不能没有朋友。没有朋友的人生，就是残缺不全的人生，就是孤独可怜的人生。我们很难想象没有朋友我们将有多么难过。

有一位白领女士说："我真难以想象失去朋友我会怎样。朋友对我来说太重要了！平时我的工作压力大、忙碌、心烦、好多事情都搞得我筋疲力尽。这时候，一旦有个朋友打来电话，我们聊上几句，她给我讲些趣闻、笑话，我的心情一下子就好了不少。周末休息的时候，和朋友出去逛逛街、吃吃饭、看看电影，那种满足的感觉简直无与伦比。她们给了我那么多的快乐，令我永生难忘！"

也许你一直以为自己很独立、很坚强，对自己充满信心，对事物有良好的判断，可以永远隐藏起自己的伤痛，在别人面前端庄得体，而且喜怒不形于色。可是朋友一出现，你就可以放下所有的矜持，丢掉所有的盔甲，而朋友也愿意为你做更多的事情，这一切为情绪治疗中的"朋友疗法"提供了天时地利人和的条件。

英国一位权威心理学家极力推崇自我倾诉内心苦闷和忧郁的方法，他认为积蓄的烦闷、忧郁就像一种势能，若不释放出来，就会像感情上的定时炸弹一样，埋伏心间，一旦触发即可酿成大难；若及时用倾诉或自我倾诉的办法取得内心感情和外界刺激的平衡，则可祛病免灾。苏联医学家也认为，人的各种感情，一定要通过心理上的应激反应以各种形式表现出来；否则，将有损身心健康。

因此，当你在生活或工作中遇到不愉快的事情时，不要老是放在自己肚子里，可以找亲近贴心的朋友谈谈自己心中的不悦之由。这样"竹筒倒豆"，把肚子里的话全部说出来，自己如释重负，心中会痛快些，更会得到他人对你的劝慰，帮助你解决思想上的不愉快和想不通的问题。情有千千结，解除思想上的疙瘩，也算解除一个结。"把苦闷讲给朋友听，一个苦闷就会变成半个"，这句话很有心理意义。

虽然说朋友是我们情绪不稳定时最好的倾诉对象，我们可以找朋友诉苦、发泄，但是也要知道，借助朋友安抚自己情绪的时候，也有一些注意事项，要不然，非但对自己的情绪没有帮助，相反会雪上加霜，甚至最后失去朋友。为此，我们必须注意如下三个细节问题：

第一，选择对方空闲的时间。当你准备向某位友人倾诉时，一定不要干扰友人的正常工作与生活。另外，你还可先与朋友预约一下，让人家多少有个准备。反之，那种不分场合和时间的倾诉，就算是朋友，也会产生一些厌烦的情绪。

第二，最好能找一位有共同经历或体验的朋友为倾诉对象。俗话说："同病相怜。"如一位不幸的离异者向另一位有过婚变史的长者倾诉心里话，就易得到一些有益的指导。

第三，发泄不可过分。朋友可以是你的"垃圾桶"，帮你盛装各种情绪，但绝不是你的"出气筒"。现代社会的高楼大厦、钢筋水泥，延伸了生存空间，却切断了人们的沟通，人与人之间的感情越来越淡漠，这个时候，朋友之情更显得弥足珍贵。平时多和朋友出去玩玩，一起聊聊天，将更有利于友情的巩固，同时，也能帮助自己平复在喧嚣社会里的浮躁情绪。

退一步，海阔天空

生活中的很多麻烦都是因为我们自己太过固执而不肯退后造成的。退后是一种心境，是一种可以宽宏大度看待事物的心境，而且，往往当我们退一步的时候，就会看到更开阔的天空。

在当今的社会中，什么事我们都讲究要一马当先，男人要挣更多的钱，要拥有更大的权利；女性也开始兴起"女强人"的称号，要做得更好，要撑起更大的天空；就连小孩，也开始为他们的书包是不是最漂亮，衣服是不是最名贵而争吵得不亦乐乎。我们在这些日益膨胀的攀比和贪欲中极易迷失自我，找不到方向，一些诸如忧愁、烦躁、愤怒、郁闷的情绪也会很快占据我们心灵的最重要位置。

人是不能离开物质而生存的，因而，这也就注定了人会在意物质上的东西。但是，当面对具体情况时，不同的人，会做出不同的判断，其结果也大相径庭。一方面，我们要通过理性来判断是非，另一方面，我们又要看到物质上的东西是可以通过自身努力得到的。同时，对于物质方面的追求不仅要有合理的渠道，也是要有限度的。人有物质方面的欲望也无可厚非，正因为人有难以满足的欲望，才会努力去追寻、去创造、去奋斗，这样，离目标才能够更近一些，社会才能进步。但是，人不能做欲望的奴隶，不管什么样的追求，其结果还是为了开心，如果过度，就会适得其反。

我们在生活中的很多麻烦，都是因为我们自己太过固执而不肯退后造成的。退后是一种心境，是一种可以宽宏大度看待事物的心境，而且，往往当我们退一步的时候，就会看到更开阔的天空。

所以，当我们被一些事情蒙蔽，感到生气、焦躁或是不安的时候，不要急着往前冲，先退后两步，也许效果会不同。退后几步，并不表示我们甘于懦弱，而是能让我们的视野更开阔，让我们把前面的路看得更清楚，更让我们有时间审时度势，把周围的情况分析得更透彻，从而做出正确的判断。而且，因为退后了两步，许多的矛盾，便会一下子化解得无影无踪，从而让你拥有海阔天空的心境。

退一步海阔天空，其实人世间的很多事真的不能计较太多，金钱、权力，生不带来，死不带去，可是我们偏偏就要在这些事情上争个你死我活。很多触目惊心的刑事案件，就是因为人们一意孤行，不计后果地考虑问题，不给自己，也不给对方留一点后退之路，结果导致情绪激动，一时失手就酿成了大祸。

生活中经常可以看到许多因为一些小事而酿成大祸的现象。其实，为了一些小事而大动干戈是根本没必要的。人本身具有社会性，哪一个人也不能生活在真空之中，这就注定了人与人之间会发生许多关系。如何处理好这些关系就成了大问题。这不仅与人的性格有关，还与人的综合素质有关，更与人的个人修养有关。这就需要我们每个人都能注重自己的修养，提高自身综合素质，方能恰当地处理生活中所发生的繁杂事务，这样，人与人的相处就会和谐。

我们没有必要去计较一些鸡毛蒜皮的小事，更没有为此大动干戈。退一步就会海阔天空，如果我们之间都多付出一些，少计较一些，和谐相处，那么，我们的社会也将会更加美好。

学会弯曲

弯曲不是软弱，而是坚韧，富有弹性。能屈能伸是高情商者的过人之处，情绪的控制并非是对逆境的屈服。曲者比坚者有更大的柔韧性，对情绪控制的能力使其在复杂的环境中游刃有余，有惊无险。

学会弯曲是获得成功的不二法门。人生之路，取得成功的机会有很多。

成功之门往往就在你的面前，但有些人就因为成功之门没有他想象中的那样雄伟有气势，就放弃了，甚至不屑一顾，其实门内的风景却有着无限的风光。只要稍微地弯下身来，成功就变得唾手可得。

孟买佛学院是印度最著名的佛学院之一，这所佛学院的特点是建院历史悠久，拥有灿烂辉煌的建筑，还培养出了许多著名的学者。还有一个特点是其他佛学院所没有的。这是一个极其微小的细节，但是，所有进入过这里的人，当他再出来的时候，几乎无一例外地承认，正是这个细节使他们顿悟，正是这个细节让他们受益无穷。

这是一个很简单的细节，只是人们都没有在意：孟买佛学院在它的正门一侧，又开了一个小门，这个小门只有 1.5 米高、0.4 米宽，一个成年人要想过去必须学会弯腰侧身，不然就只能碰壁了。

这正是孟买佛学院给它的学生上的第一堂课。所有新来的人，教师都会引导他到这个小门旁，让他进出一次。很显然，所有的人都是弯腰侧身进出的，尽管有失礼仪和风度，但是却达到了目的。教师说，大门当然出入方便，而且能够让一个人很体面很有风度地出入。但是，有很多时候，人们要出入的地方，并不是都有着壮观的大门，或者，有大门也不是随便可以出入的。这个时候，只有学了弯腰和侧身的人，只有暂时放下尊贵和体面的人，才能够出入。否则，有很多时候，你就只能被挡在院墙之外了。

孟买佛学院的教师告诉他们的学生，佛家的哲学就在这个小门里。其实，人生的哲学何尝不在这个小门里。人生之路，尤其是通向成功的路上，几乎是没有宽阔的大门的，所有的门都是需要弯腰侧身才可以进去的。

在加拿大魁北克一条南北向的山谷中，西坡长满松树、女贞、柏树，而东坡只有雪松。为什么会出现这样的现象？因为东坡雪很大，雪松比较柔软，当雪在树上积累到一定重量时它就弯曲了，令雪滑落下来。而女贞、柏树却不能弯曲，它们被雪压断了。一对情侣在决定分手前的最后一次旅行中发现了这个秘密，然后他们重归于好了。

即使再锐利，如果轻易就断掉，那也是毫无用处的。人固然需要像刀片锋利，也需要像柳条一样柔韧。在这个世界上，要柔中带刚，刚里带柔，方里见圆，圆中显方，才会活得自由自在。

在风中，小草容易弯曲，参天大树则巍然挺立，不摆不动。但是一阵狂风可以把大树连根拔起，可是，不管风有多大，也不能把在狂风面前弯倒在地的小草连根拔起。能屈能伸是高情商者的超人之处，情绪的控制并非是对逆境永远的屈服。屈者，比坚者有更大的柔韧性，对情绪控制的能力使其在复杂的环境中游刃有余，有惊无险。

在古代亚洲有"扮羊吃虎"的说法。按照这样的观念，猎人准备狩猎老虎的时候，将自己装扮成老虎的诱饵，披上羊的外皮，在树林中等候。当老虎走到猎人射程之内时，他便可以从容地射击。而判断英雄的标准不是论其捕杀老虎的本领，而是看其忍受扮羊耻辱的力量和能力。只有高情商者，才能具备和运用这样的能力。

当你没有证据表明你处境较好的时候，千万别抱有获胜的幻想。爱因斯坦曾经指出："伟人在别人之前要知道自己的伟大。"如果你愿意去做战胜最强大的对手所需要做的一切——即使包括百依百顺、卑躬屈膝——你就会赢。刚则易折，易被柔所破。弯曲不是软弱，而是坚韧，富有弹性，因而面对强手不会被对方摧垮，而是主动避其锋芒，而就在对手扑空没来得及反应的时候，又已经攻到了对手要害。更有甚者，你必须能够忍受由于自己明显的失败，而别人幸灾乐祸地强加在你头上的耻辱。做到这一点，必须有超人的耐心与承受力——只有这样的高情商者，才能成为成功者。

善于转移负面情绪

情绪的不稳定性，决定了情绪的到来往往令我们感到十分的意外，但是它也会很容易转移出去，只要我们找到一个恰当的转移点。

人们形象地用"死钻牛角尖"来形容凡事不肯退缩、固执己见的人，事实上，我们的不良情绪也正是因为"死钻牛角尖"造成的。如果我们能适时地把视线转移到别的地方去，就会发现原来天空是如此的开阔，生活中充满了乐趣。

这种通过一定的方法和措施转移人的情绪，以解脱不良情绪刺激的方法在心理学上就被称为"移情法"。

马太·亨利是一个非常有名的教士，有一天，他在传教的路上遇到了一伙强盗，被洗劫一空。

这一天，他在日记中写道：

真的要感谢上帝，我真的是太幸运了。

我在此之前竟然从没有遇到过类似不幸的事情；

强盗只是抢走了我的钱，我的生命安然无恙；

况且他们并没有抢去我所有的财产；

是他们抢我的钱，而不是我抢他们的钱。

在被抢之后能想出这么多自我安慰的理由，亨利真不愧是一个情绪转向的高手，结果是亨利的心情并没有受到这次遭遇的影响。

我们会经常看到交通拥挤的十字路口红绿灯失控时的"惨状"，整个路面成了车的海洋，不耐烦的司机在里面鸣笛叫喊，喇叭声充斥于耳，整个交通处于瘫痪混乱状态，这个时候就体现出交警的重要性，该停的停，该转的转。如果没有交警的管理疏导，不知道会拖延到什么时候，造成什么后果。人的情绪有时就如杂乱的交通一样让人头疼，这时你就要做自己的心灵交警，给这些情绪做一个向导，实现合理的情绪转向。

明智的人会接受感觉不可避免的更迭。所以，当他们感到沮丧、生气或紧张时，他们也用同样的开阔的胸怀和智慧来对待。他们不但没有因为感觉不好就对抗这些情绪，或感到恐慌，反而自在地接纳了这些情绪，知道这些终会过去。他们不但没有跌跌撞撞地对抗这些情绪，反而优雅地接纳了它们。这种做法让他们可以温和而优雅地摆脱负面情绪，进入心灵的正面状态。

情绪的转向归根到底要取决于产生情绪的行为、态度的转变，只有这些先转变了，作为它们产物的情绪才会转变。

遗憾的是，我们中的许多人常常过多地把他们的注意力、精力放在那些使他们痛苦不堪的思想上，以致情绪总是郁郁不振。当然，我们之间也有很多情商很高的人，他们虽然也会犯错误，但他们的高明之处就在于不拘泥于已有的事实，而把目光投向如何解决、如何改善现状这些有建设性的目标上，所以他们的情绪相对而言都较稳定、积极。

但是，具体该如何来转移情绪，各有各的说法。其中养生学家就认为，"七情之病者，看书解闷、听曲消愁，有胜于服药者。"除此之外，还有运动转移法、琴棋书画转移法等。但这些方法都有些"阳春白雪"之感，尤其是当情绪忽然上来的时候，哪里还有工夫去琴棋书画呢？

其实，我们并不需要一定有一个刻意的程序去转移情绪，只要你抽出一点时间，看看周围的事物，你的情绪就会平稳很多。

将视线转移到别的方面，不仅仅是发现生活中的小乐趣，甚至能帮你开拓思路，找出新的方法。情绪在很多时候其实只需要一个小小的缺口，就可以化解了。

在心理诊所的情绪治疗过程中，医生们发现了一个现象：一些情绪压抑过久的人，往往会采用啃咬手指的办法来减轻紧张情绪或者压力。有一些患者很为此担心，他们在公共场合或者比较严肃庄重的场合忍不住还会咬自己的手指，怎样改变这种现象呢？后来心理专家们就用了这样一个办法：在患者的手指上缠了很多圈的细线，这样，每当他们情绪紧张想咬手指的时候，就必须要慢慢地解下手指上的绳子，但解完绳子之后，通常患者就不会再想咬手指了。

绳子有这么大的作用吗？其实不是绳子的作用，而是解开绳子的动作产生了巨大的作用。在解开绳子的过程中，紧张的情绪就在这短短的时间里得到了缓解。其实情绪正是这样，它只是需要一个转移的时间，就可以得到完全的解脱。

情绪的不稳定性决定了情绪的到来往往会使我们感到十分的意外，但是也会很容易转移出去，只要我们找到一个恰当的转移点。

情绪低落的时候，不妨看看街边花园的小狗，当它可爱地朝你摇着尾巴的时候，你是否觉得心情也渐渐地好了呢？原来这个世界上还有这么多美好的事物，不管怎样，还有一只可爱的小狗在等待你的爱抚呢！

第三节　调整情绪，操之在我

我的情绪我做主

　　自我调整是自我情绪管理的技巧，它指的是要能够控制自己的情绪，不受制于人，不为环境因素所左右，它是情绪调节的至高境界。

　　"自我调整"属于情商范畴的一个自我情绪管理技巧。它是指一个人要能够控制自己的情绪，不受制于人，不为环境因素所左右。其理论基础在于外因通过内因起作用。环境事件、他人言语等外部刺激构成外因，自己的观点、看法是内因，而自己的情绪、行为表象则是作用的对象。

　　人的情绪表现受众多因素的影响，例如，他人言语、先发事件、个人成败、环境氛围、天气情况、身体状况，等等。但这些因素都可以按照来源分为外部因素（或刺激）和内部因素（看法、认识）。两种因素共同决定了人的情绪表现和行为特征，其中人的观点、看法和认识等内部因素直接决定人的情绪表现，而个人成败、他人言语等外部因素则通过影响情绪内因而间接决定人的情绪表现。尽管在现实社会生活中，人们总是会因为不顺心的事情而大发脾气或低落消沉。丢东西时惊慌谩骂，受到指责时愤愤不平，遭到侮辱时挥拳相向，遇到失恋时借酒消愁，屡遭失败时灰心丧气，遇到难题时捶胸顿足，被人冤枉时火冒三丈，身体不适时心烦气躁……这些，似乎让人感觉，个人的情绪表现是由这些不顺心的事情直接决定的。但事实并非如此，只是因为人在成长的过程中形成了太多固定的思维模式，当受到"不顺心"的环境事件的刺激时，人们总是本能地认为那是不好的事情，并进而将思维延伸到事件对未来的影响。而这种影响也往往是坏的，也就是说，人们总是会往坏的方面想，而无视事情积极的方面。所以，正是因为个人的看法、认识等内因对外部刺激形成的固定的反应，才使得外因更多地直接决定了个人情绪。

成功学大师奥格·曼狄诺曾写过这样一段文字，对于我们学会如何管理我们自己的情绪，也许大有裨益：

今天我要学会控制情绪。

我怎样才能控制情绪，让每天充满幸福和欢乐？我要学会这个千古秘诀：弱者任思绪控制行为，强者让行为控制思绪。

每天醒来，当我被悲伤、自怜、失败的情绪包围时，我就这样与之对抗：

沮丧时，我引吭高歌。

悲伤时，我开怀大笑。

病痛时，我加倍工作。

恐惧时，我勇往直前。

自卑时，我换上新装。

不安时，我提高嗓音。

穷困潦倒时，我想像未来的富有。

力不从心时，我回想过去的成功。

自轻自贱时，我想想自己的目标。

总之，今天我要学会控制自己的情绪。

从今往后，我明白了，只有低能者才会江郎才尽，我并非低能者，我必须不断对抗那些企图摧垮我的力量。

失望与悲伤一眼就会被识破，而其他许多敌人是不易觉察的。它们往往面带微笑，却随时可能将我们摧垮。对它们，我们永远不能放松警惕。

纵情得意时，我要记得挨饿的日子。

洋洋得意时，我要想想竞争的对手。

沾沾自喜时，不要忘了那忍辱的时刻。

自以为是时，看看自己能否让风驻步。

腰缠万贯时，想想那些食不果腹的人。

骄傲自满时，要想到自己怯懦的时候。

不可一世时，让我抬头，仰望群星。

今天我要学会控制情绪。

有了这项新本领，我也更能体察别人的情绪变化。

我宽容怒气冲冲的人，因为他尚未懂得控制自己的情绪，就可以忍受他的指责与辱骂，因为我知道明天他会改变，重新变得随和。

我不再只凭一面之交来判断一个人，也不再因一时的怨恨与人绝交，今天不肯花一分钱购买金篷马车的人，明天也许会用全部家当换取树苗。知道了这个秘密，我可以获得极大的财富。

今天我要学会控制情绪。

我从此领悟了人类情绪变化的奥秘。对于自己千变万化的个性，我不再听之任之。我知道，只有积极主动地控制情绪，才能掌握自己的命运，控制自己的命运！

我由此成为自己的主人。

我由此而变得伟大。

自我调整的情绪管理技巧则要求人们能够灵活地调整内因对外因的固定反应。当外部刺激可能导致个人情绪、行为的恶性变化时，人的看法、认识要能够能动地自我调整，逆向思维，发掘积极的因素，阻碍外部刺激对情绪、行为的不良作用，保证情绪的稳定乐观和行为的积极正常。自我调整的方法能够变悲为喜、缓解矛盾、抑制愤怒，使一个人心胸豁达、轻松愉快、处事冷静。

自我调整的关键在于从多角度去思考问题，善于发现积极的成分，而不是困死在思维的独木舟上。善用自我调整的人会不断激励自己使用积极的思维，而且始终保持轻松、愉悦的心情和健康、开放的心态。

为你的坏情绪找一个"出口"

在实际生活中，要懂得适当地宣泄，为自己的坏情绪找一个"出口"将内心的痛苦有意识地释放出来，而非不可控地爆发。

尽管自我调整是控制情绪的最佳方式，但在实际生活中，始终以积极、乐观的心态去面对不顺心的外部刺激，是难以做到的。所以人们在控制情绪时常常综合应用忍耐和自我调整的方法，而且往往为了顾忌全局而暂时忍耐的方法用得更多。所以，尽管在面对不愉快时进行自我调整，往往不能做到真正的洒脱，一部分情绪还需要通过个人的忍耐力来加以控制。然而每个人的忍耐力都存在极限，当情绪上的烦躁、内心的痛苦累积到一定程度，最终会非理性地爆发出来。所以，在实际生活中，不能一味地自我调整，还要懂得适当地宣泄，为自己的坏情绪找一个"出口"，将内心的痛苦有意识地释放出来，而非不可控地爆发。

对于情绪的宣泄，可采用如下几种方法：

1. 直接对刺激源发怒

如果发怒有利于澄清问题，具有积极性、有益性和合理性，就要当怒而怒。这不但可以释放自己的情绪，而且是一个人坚持原则、提倡正义的集中体现。何时应当发怒，主要从对方能否理解和是否坚持原则两个方面来分析。对待朋友，主要考虑对方能否理解；对于敌人，主要考虑原则和正义的坚持。"横眉冷对千夫指，俯首甘为孺子牛。"周总理温文尔雅、平易近人，但在重庆谈判时怒斥国民党的暗杀活动，坚持了原则，伸张了正义。

2. 借助外物排解情绪

借助他物出气，把心中的悲痛、忧伤、郁闷、遗憾痛快淋漓地发泄出来，这不但能够充分地释放情绪，而且可以避免误解和冲突。日本的大企业、公司近几年专门设立"出气室"，让职员在里面宣泄自己对公司的不满。

而且，宣泄还必须在法律和道德允许的范围内进行，违反道德的宣泄，如辱骂、诽谤也是错误的。

3. 学会倾诉

当遇到不愉快的事时，不要自己生闷气，把不良心境压抑在内心，而应当学会倾诉。每个人的周围总会有几个知心朋友，当产生不良情绪时，朋友们聚一聚，一壶清茶，一杯咖啡，就事论事倾诉一番，把自己积郁的消极情绪倾诉出来，以便得到别人的同情、开导和安慰。美国有关专家研究认为："一个人如果有朋友圈子，就能长寿20年。"可见，朋友对一个人生活的重要性。

4. 借助音乐疏导情绪

音乐对治疗心理疾病具有特殊的作用，而音乐疗法主要是通过听不同的乐曲把人们从不同的病理情绪中解脱出来。殊不知，除了听以外，自己唱也能起同样的作用。尤其高声歌唱，是排除紧张、激动情绪的有效手段。当人们的不满情绪积压在心中时，不妨自己唱唱歌，歌的旋律、词的激励、唱歌时有节律的呼吸与运动，都可以缓解紧张情绪。

5. 以静制动

当人的心情不好，产生不良情绪体验时，内心都十分激动、烦躁、坐立不安。此时，可默默地侍花弄草，观赏鸟语花香，或挥毫书画，垂钓河边，这种看似与排除不良情绪无关的行为恰是一种以静制动的独特的宣泄方式，它是以清静雅致的态度平息心头怒气，从而排除沉重的压抑。这种方式往往是知识型社会成员的选择。

但是，不幸的是，我们的文化似乎并不鼓励以哭泣来宣泄情绪。每当孩子在受到委屈时，便会不由自主地哭，此时大人就会说："不哭，不哭。"尤其大家更会取笑爱哭的小男生。最不可取的教育方式是，在打完孩子后说："不准哭，哭的话再打喔！"孩子在恐吓和压抑下，已种下将来情绪失控的种子。

我们都知道，孩子是不容易有精神疾病的。他们之所以这样，除了因为他们未受到太多压力外，还因为他们爱哭的本事，这正保护了他们免于承受太大的委屈。而大人容易出现心理问题，也正是他们压抑不良情绪所致。因此，当心情不佳或情绪不稳时，应找各种渠道说出你郁闷心情所受的委屈。如果有机会的话，要尽情地哭，很多人都有哭过后很舒坦的感觉。

网球巨星桑普拉斯一次在争夺大满贯杯冠军比赛时，与对手陷入苦战，不料中场休息时，他却在众目睽睽下，手抱浴巾，痛哭失声。原来当年他的启蒙教练兼好友因病亡故，心情已受影响，现在又在比赛中承受如此巨大压力，因而百感交集地哭泣。有人可能会觉得怎么一个大男人竟会在这种公共场合中落泪，然而桑普拉斯之所以能称霸网坛，除了他的球技外，在情绪及心理（或 EQ）的反应上都高人一等，因此他能每每在紧要关头化险为夷，赢得胜利，包括那场他落泪的比赛。

当然，宣泄也应采取适当的正确的方式，一些诸如借助他人出气、将工作中的不顺心带回家中、让自己的不得意牵连朋友是不可取的，这于己于人都是不利的。

在逆境中保持微笑

逆境中，人的情绪会极度消沉，要学会自己拯救自己，尽快走出失败的阴影。

"自我调整"，虽只是简单的四个字，但其中蕴含着十分丰富的内容，它包括了情商培养中的认识自我情绪的能力、妥善管理自身情绪的能力、内省能力和自我激励的能力，还包括了情商开发中的信念、意志力、忍挫力和乐观性。

美国著名影星史泰龙刚刚记事时，就知道他的父亲是个赌徒，他的母亲是个酒鬼。父亲赌输了，打完母亲再打他；母亲喝醉后，同样也是拿他出气。

在拳打脚踢中，史泰龙渐渐地长大了，但经常是鼻青脸肿、皮开肉绽。

好在那条街上的孩子大都与他一样，成天不是挨打就是挨骂。像周围大多数孩子一样，跌跌撞撞上到高中时，他便辍学了。接下来，街头鬼混的日子让他倍感无聊，而绅士淑女们蔑视的眼光更让他觉得惊心。

他一次次地问自己：难道自己一辈子就在别人的白眼中度过？

在一次又一次的痛苦追问后，他便下定决心走一条与父母迥然不同的道路。但自己又能做些什么呢？他长时间地思索着。从政，可能性几乎为零；进大企业去发展，学历与文凭是目前不可逾越的高山；经商，本钱在哪里……最后他想到了去当演员，这一行既不需要学历也不需要资本，对他来说，实在是条不错的出路。可他哪里又有当演员的条件呢？相貌平平，又没有天赋，再说他也没受过相关的训练啊！然而决心已下，他相信，即使吃透世间所有的苦，他也不会放弃。

于是，他开始了自己的"演员"之路。他来到好莱坞，找明星，找导演，找制片，找一切可能使他成为演员的人恳求："给我一个机会吧，我一定会演好的！"但是，很不幸，他一次又一次地被拒绝了，但他并未气馁。每失败一次，他就认真反省，然后再度出发，寻找新的机会……为了维持生活，他在好莱坞打工，干些粗笨的零活。于是，一晃就是两年，他却遭到了1000多次拒绝。面对如此沉重的打击，他不断地问自己：难道真的没有希望了吗？难道赌徒酒鬼的儿子就只能做赌徒酒鬼吗？不行，我必须继续努力！

于是，他又想到了写剧本，如今的他已不是初来好莱坞的门外汉了，两年多的耳濡目染，每一次拒绝都是一次学习和一次进步，他大胆地动笔了。

一年后，剧本写了出来，他又拿着剧本遍访各位导演："这个剧本怎么样？让我当主演吧！"剧本还可以，至于让他这样一个无名之辈做主演，那简直就是天大的玩笑。不用说，他再次被拒之门外。

在他遭到1300多次拒绝后，一位曾拒绝了他20多次的导演对他说："我不知道你能不能演好，但你的精神让我感动，我可以给你一个机会。我要把你的剧本改成电视连续剧，不过，先只拍一集，就让你当男主角，看看效果再说，如果效果不好，你从此便断了当演员这个念头吧。"为了这一刻，他已做了3年多的准备，机会是如此宝贵，他怎能不全力以赴？3年多的恳求，3年多的磨难，3年多的潜心学习，让他将生命融入了自己的第一个角色中。

终于，幸运女神就在那时对他露出了笑脸。他的第一集电视剧创下了当时全美最高收视纪录——他成功了！后来，他成为世界顶尖的电影巨星。

关于史泰龙，他的健身教练哥伦布曾经做出如此评价："史泰龙从来不惧怕失败，他的意志、恒心与持久力都令人惊叹。在逆境中，他善于调整自己的情绪，他是一个行动专家，他从来不让自己情绪低落，从不在消极的思想中等待事情发生，他会主动令事情发生。"

在逆境中无所畏惧者，正是高情商的体现。高情商者都是敢于正视现实、勇于与现实做斗争的人，他们都有一部血与泪交织着的艰辛的奋斗史。现实是残酷的，现实正因其残酷而精彩、美丽。只有在失败的砧铁上不断锤炼，才能锻造出铁的品质。正视现实，最重要的就是要正视失败。

美国前总统尼克松在水门事件被迫辞职之后，久久沉浸在突然降临的失落与忧愤、媒体的穷追猛打、熟人朋友的避之则吉之中，还时常沉浸在自己两次当选的辉煌与现在穷途末路的强烈反差中。这一切使得 62 岁的尼克松患上了内分泌失调和血栓性静脉炎，几乎是在苟延残喘地度日。然而他并没有在不利的环境中倒下，而是及时地调整了自己的心态，他告诫自己："批评我的人不断地提醒我，说我做得不够完美，没错，可是我尽力了。"他不畏惧失败，因为他知道还有未来。他始终相信"勇往直前者能够一身创伤地回来"，也就是能重新调整心态来迎接新的挑战和争取新的胜利，鼓舞自己从挫折中走出来。在这之后，他连续撰写并出版了《尼克松回忆录》、《真正的战争》、《领导者》、《不再有越战》、《超越和平》等巨著，以自己独特的方式继续为国家服务，也实现了人生应有的价值。

逆境中，人的情绪会极度消沉，要学会自己拯救自己，尽快走出失败的阴影。我们正视失败并不意味着消极地承受，正好相反，它意味着转败为胜的可能。只要我们拥有自信，以一种乐观而积极的态度坚持奋斗，就必能突破困境。

日常生活中的自我调整

日常生活中，我们在动用情绪之前，得先冷静思考这样是否值得。要把自我调整当成一种习惯，同时让自我调整为我们赢得朋友。

其实要做到自我调整并非易事。偶尔的自我调整并没有什么稀奇的，但是一个人如要在情绪失控时每次都能自我调整，那实在是太难了。因为每个人都是有感情的，人的本能反应是很感性的，只有通过思维才能让你达到理性。因此，要时时刻刻都做到自我调整，必须养成习惯。

自我调整应分为以下 3 种情况：

（1）对于不相关之人，我们没有必要跟他生气，应该做到自我调整，这样才能保持好心情，以便提高自己的工作效率。

对于不相关的人，我们没有必要去跟他斤斤计较。我们经常可以看到，在菜市场或者公共汽车上，为了一件小事，双方吵得不可开交。最后的结果肯定是两败俱伤，不管是什么样的结果，都是没有什么实际意义的，就算你吵赢了，那又怎么样呢？倒不如任对方一个人吵好了，要保持一份好心情。

（2）对于重要人物，比如，做某个项目必不可少的人，那么无论他的态度怎么样，我们都应该做到自我调整，不能因为他没给你好脸色看，所以你也不给他好脸色看，这样的话，肯定办不成事。

对于所要争取过来帮你做事的人，即使他不太愿意帮你做事，仗着你有事求他，对你态度恶劣，你也没有必要跟他生气。在这种情况下要做到自我调整真的很难。但是，让我们从理性的角度分析一下，如果跟他闹翻了，你是不会得到任何实际利益的，如果你没有跟他翻脸，而是不断争取，可能他会被你的诚意所感动，最后接受你的请求，即使没有得到任何结果，你也可以等待下一次机会。

（3）对于朋友，也要做到自我调整。不要认为真心朋友无话不谈，就可以在朋友面前毫无顾忌。朋友之间说话也要注意方式方法，合理的方式方法才能更容易被朋友接受。如果朋友在气头上，你去安慰他，这个时候朋友无意间伤到了你，不要对他发火，这样的话，很可能原本的好意全泡汤了，反而令双方的关系僵化，甚至从此绝交。在这种情况下，我们应当做到自我调整，管理好自己的情绪，并在事后跟那位朋友好好谈一下，说出各自的想法，双方坦诚相见，这样才能让双方的友谊长久保持下去，并且越来越好。

有时候朋友可能无意间伤害了你，只要不是原则的问题，那么我们也应该做到自我调整，不要因此而疏远朋友，我们可以直截了当地跟他谈，相互探讨各自的不足之处，坦诚相见，这样才能维持良好的友谊。

第四节　好情绪造就好人生

情绪改变命运

在现代高压力快节奏的生活和工作中，我们需要来自心灵的快乐，并要激发我们的心灵，并创造出无忧无虑的精神，这就要求我们必须保持快乐的情绪。可以这么说，唯有好情绪才能造就好生活。

现代社会，人们的工作越来越忙，但从中获得的乐趣却日益减少。正如威廉·华兹华斯所说的："我们钟情于富贵，日日追求钱财，为之耗尽自己的精力，对自然美毫不在意，失去了了解和热爱自然的心，只剩下冰冷的心肠。"

人们每天早晨起床，就开始了一天的忙碌。喝完咖啡，吃完早点，或许还要将孩子送到幼儿园或学校，然后再踏上让人难受的上班路程。接下来的8个小时，会一直保持像打电子游戏一样快的速度，直到疲惫地走出办公室。当一天快结束时，回家准备晚饭，抽空与孩子讲几句话，快速读一读报刊，看看电视，给朋友打个电话，定好闹钟，一切完毕，直到第二天一切又将从头开始。

这种忙碌和超负荷的运转给人以虚伪的精神意义，并使人感觉要增强自尊。而这种意义并不是从内心感受到的，而是试图从个性方面获得——通过更多的成就、成功和活动。可是，在做这些事的时候，人们没有乐趣。工作本应该激人奋进，给人以活力，而不是让人变得死气沉沉。

在过去的几十年里，当人们受到情绪困扰而不愉快时，往往借埋头工作来逃避不悦的心境。而现在，人们更多的是用工作来证明自己的价值：我是一名经理；我是一名作家；我是一名主管；我是一名汽车商；我是一名教师等等。人们只是互相问："工作怎么样？"却从不这样问："你对工作感到满足和快乐吗？"

我们的这种要求为生活带来了很多迎合个性的快乐和乐趣，但快乐大多是来自生命本身或来自内心的。在这种快节奏的生活和工作中，我们更需要笑声、爱心、给予、分享、谈话、倾听、忠诚、美丽、和平，这些都是来自心灵的快乐。

我们每天都面临各种选择，我们可以用多种方法来做决定。可以把心灵放在第一位，为我们的工作和生活增添更多的善良、同情心、真诚、真实与爱心。我们也可以把个性放在第一位，让自己更加自我。但不管怎样，改善工作情绪就必须消除压力。

压力是在工作中最让人恐慌的事情之一。压力不是人或事造成的，而是由我们对待人和事的方式造成的。心理疗法专家托马斯·摩尔指出一些减少和消除压力的方法，不妨试用一下。

（1）憧憬快乐。假如现在自己不快乐，就想象一下快乐并相信它是真的。做一个乐观者，期待最好的结果，这样会给别人带来很好的影响，并影响我们自己。快乐并不是获得自己想要的东西，而是珍惜现在拥有的东西。

（2）注重现在。专注于当前的时刻，把当前看成是一个神圣的时刻。无论现在正在做什么，力求做得最好，这才是自尊的源泉。只看重时间、目标会使人陷入高速度、焦虑和压力。试图同时做许多事，会导致工作中的肤浅、平庸和错误，反而会使人丧失自尊。

（3）不发牢骚。为某个问题发牢骚并不能解决问题，而只能导致更大的压力。让自己从解决问题而不是问题本身的角度来思考，多想想如何成功地解决问题，而不要一味地发牢骚。

（4）笑对无理。易怒而出言不逊的老板总是喜欢用恐吓、威逼和使人畏惧的方式。但换个角度想一想：很可能我们过高地估计了领导者的承受力，其实他们对我们的需要和我们对他们的需要同样多。因此，对他们暴躁时的言辞，我们可以报之一笑，希望他们的怒气能够快些平息。

（5）不瞻前顾后。为了当前而活，而不是为了过去或将来而活。过去已逝不可追，未来难以预测——其中有些真实，有些虚幻。如果整天为这些而担忧，就会陷入压力之中。况且生命太短暂，古人云："人生天地之间如白驹过隙，忽然而已。"我们不要过分瞻前顾后而浪费了现在宝贵的时光。

（6）学会适应。假如我们不喜欢某些人的行为，可以先试着学会与之共处——只要一次就行。然后继续努力，不要为之烦恼。

（7）学会自立。我们必须要有责任心。当我们长大成人后，将为自己的难题、危机、忧虑与苦难负责。尽管父母很爱我们，也会尽力帮助我们，但不会在生活中为我们的现在或将来的所有事情而称赞或责怪自己。

（8）不为生活小事费力气。在工作中追求完美主义是造成压力的一个主要原因。比如不要让自己成为一个有桌面清洁癖的人，没有必要过分在意小事情。

（9）发挥长处。有些人比其他人更擅长做某些事，我们必须承认这一点，我们不可能样样精通，因此，做自己擅长的事，才是最好的工作方式。

（10）拥有健康。饮食、健身、休息、生活方式、沟通和人际关系，这些都与人们的健康息息相关。倘若我们的身体和心灵能协调一致，就会使当前的生活步调更易于掌控。

（11）赶早不赶晚。迟到会产生压力。我们必须开始得早，不能生活在迟到所造成的压力之下。

（12）宠物"精灵"。也许一个可爱的动物能帮助人增强神经系统。一只无条件爱自己的狗为我们所带来的心境平和，对我们的心灵是有益的。

如果你想激发心灵，并创造出无忧无虑的精神，那么就必须保持快乐的情绪。当工作成为艺术时，你就会创造出优雅，体验到快乐，让自由和满足感使我们的心灵充满活力。

良好情绪助你把握机会

良好的情绪是成功的一大因素，它能让你在困境面前永不放弃，坚忍而又勇敢。它也终将把你引上成功之巅，让你成为一位卓有成就的人。

真正极富天资、得天独厚的人是极为少见的，许多的成功人士事实上都是很普通的人。他们的成就往往要归功于他们良好的情绪。可以这么说，良好的情绪是成功的一大因素，它能让你在困境面前永不放弃，坚忍而又勇敢。它也终将把你引上成功之巅，让你成为一位卓有成就的人。

罗丹自小家境贫寒，5岁时就被送进了附近教会学校。上学第一天，他兴高采烈地走进校门，欢快劲儿立即一扫而光——古老的校舍是那么灰暗阴森，中年的教会教师是那么冷酷严厉，直让罗丹心惊胆战。他不适合这里，心情也一直很糟糕。

罗丹似乎前世就与画画有缘。还在他入学前，他就开始自己学画画，非常入迷。但他目不识丁的父亲却一心想让他成为一个能干活养家的男人，并不指望他成为什么画家。当他得知罗丹画画的事后，硬是抢起皮带，逼着罗丹把他画的画和姨妈送给他的笔扔进火里化为灰烬。

在学校里，因为罗丹成绩太差，老师也禁止他画画。一次，罗丹画了一幅罗马帝国的地图，被教师用戒尺狠狠揍了一顿，小手被打得通红，以致一个星期不能拿笔。

在大姐的帮助下，罗丹终于进了一所免费美术学校学画。其中的一名教师勒考克是巴黎最杰出的教师，他厌恶美术学院死板僵化的教学方式，常常劝学生不要去追求那种缺乏生命力的艺术，也因此遭到同行们的非议。

罗丹很珍惜眼前的学习机会，画技大有长进。一段时间后，勒考克发现罗丹的素描已有了相当的功底，就鼓励他进油画班学习。

因为买不起颜料，万般无奈之下，罗丹只得决定放弃学习油画。但勒考克觉得这位很有培养前途的学生，因为买不起颜料而终止学习非常可惜，就动员罗丹到雕塑室进行训练。

灰心丧气的罗丹什么也不想学了。但勒考克认定罗丹是棵好苗子，把他严厉地数落一通后，带他走进雕刻室。面对雕刻室里一堆堆湿乎乎的粘泥、橡皮的胶泥、赤褐色的陶土和一块块的大理石，以及好些梯子、支架和刀具，罗丹一下子被这个新鲜的世界吸引住了。

罗丹常常食不果腹，疲惫不堪，午饭总是在路上边走边随便吃点东西。但他心里很明白，不管怎么样，总不能半途而废。他每天从巴黎的这一头赶到另一头，对这座城市的街道、广场、花园、大桥和古代建筑，还有著名的塞纳河两岸的大道，他都满怀深情，了如指掌。他随身携带的小本子上画了成千上万幅写生。他没有休息日，星期六晚上泡在家里根据记忆画想要雕塑的人物草图，星期天则整天待在家里用黏土进行创作。

一晃 3 年过去了。罗丹请求勒考克推荐他考美术学院。在得到老师的同意并得到另一位雕塑家的推荐后，罗丹信心十足地去参加美术学院的考试。考试要求每天用两个小时总共在 6 天内完成整个人像，罗丹觉得这是做不到的事情，但还是抓紧时间干了起来，两天过去了，他才在纸上画好了草图，而多数考生已塑完了一半，但他们的作品都显得光滑而没有生气。在最后一天，罗丹的作品虽然没有完全塑成，但他感到已是所有考生中最好的。

但是，罗丹的报考表上填着"落选"。第二年、第三年，罗丹的报考表上依然写着"落选"这两个字。

罗丹泪眼模糊。当他跟跟跄跄地走出考场时，一位学画的朋友告诉他："你是个天才的雕塑家，但因为你是勒考克的得意门生，所以他们永远也不会录取你，否则就等于他们赞成勒考克的艺术主张了。"

尽管罗丹此时几乎痛不欲生，但他还是强忍着深深的挫败感和委屈进入修道院工作。而修道院院长却支持罗丹成为一名艺术家。一年后，罗丹离开了修道院，而又在此时，勒考克把自己视若生命的工作室交给了罗丹。

或许正因为这样，让完全没有了退路的罗丹，终于用他的智慧和刀具，在世界雕塑史上留下光辉一页的同时，也使自己成为一尊不朽的雕像！

可以想象，如果面对父亲的责骂、经济的拮据、生活的艰苦以及美术学院的排斥，罗丹退缩了，消沉了，甚至是放弃了，那么世界会永远失去一位伟大的雕塑家！

歌德曾说过："只有两条路可以通往远大的目标，得以完成伟大的事业：力量与坚忍。"力量只属于少数得天独厚的人，但是苦修的坚忍，却艰涩而持久，能为最微小的我们所用。正因为我们有了良好的情绪控制力才得以坚持自我，永不放弃，才能与糟糕的际遇不懈而顽强地斗争。因为它那沉默的力量，是随时间日益增长的不可抗拒的强大力量。最终，我们总会取得胜利。

当我们遇到困难、面临挑战的时候，也要努力控制住自己的情绪，让我们的情绪处于良好的状态。只有这样，我们才有争胜的欲望和必胜的信念，才能勇于接受挑战。同时，也才能把握住机会，在不断战胜困难、战胜自己的同时，成就一番大事业。

情绪能以柔克刚

人皆有同情弱者之心，也都有在竞争中忽视弱者的本能。当你遇到棘手之问题，碰见一个吃软不吃硬的人时，你不妨稳定住当时的情绪，把自己降到一个乞怜的位置，以弱赚取同情，从而达到解决问题的目的。

生活中我们要与各种各样的人打交道，也要用不同的情绪力量做出不同的行为来"对付"不同的人。现实生活中，总有一些人明明知道自己犯了错误却不愿承认。这时，你如果情绪失控，对对方进行强烈的要求和不留情面地指责，只会令对方的态度更为强硬。相反，如果你能安稳情绪，在时机成熟的条件下，有意为对方找个借口、搭个台阶，使其按要求行事，就不至于太尴尬。

　　运用情绪，我们不妨来一招"以柔克刚"，先述说自己将要面对的损失和麻烦，使其良心受到触动，然后为对方找一个借口，请他帮助自己走出困境。你的态度如此通情达理，对方也希望自己能够挽回错误，见到有台阶下，自然会顺水推舟，答应你的要求。

　　在经济萧条时的美国某地，一个17岁的孤女在她寡母的支持下好不容易找到一份在高级珠宝店当售货员的工作，试用期为3个月。新年快到了，店里的工作特别忙，姑娘干得很认真，因为她听经理对别人说有留下她的意思。

　　这天她来到店里上班，把柜台里的戒指拿出来整理。这时她瞥见从门外进来了一位30岁左右的顾客，他几乎是这不幸时代贫民的缩影：一脸的愤怒、褴褛的衣衫。他用一种不可企及的、贪婪的眼睛盯着那些高级首饰。

　　"丁零零！"电话铃响了，姑娘急着去接电话，一不小心，把一个盒子碰翻，六枚精美绝伦的钻石戒指落到地下。她慌忙四处寻找，捡起了其中的五枚，可是第六枚戒指呢？怎么也找不着。姑娘急出了一身汗。这时，她看到那个30岁左右的男子正向门口走去，顿时，她猜到了戒指可能在那儿。

　　当男子的手将要触及门柄时，姑娘柔声叫道："对不起，先生！"

　　那男子转过身来，两人相视无言足足有一分钟。"什么事？"他问，脸上的肌肉有些抽搐。"什么事？"他再次问道。

　　"先生，这是我头回工作，现在找个事做很难，是不是？"姑娘神色黯然地说。

　　男子久久地审视着她，终于，一丝柔和的微笑呈现在他的脸上，"是的，的确如此。"他回答，"但是我能肯定，你会在这里干得不错。"

　　停了一下，他向前一步，把手伸给她："我可以为你祝福吗？"姑娘也立刻伸出手，两只手紧紧地握在一起，她用低低地但十分柔和的声音说："也祝你好运！"

　　他转过身，慢慢走向门口，姑娘目送他的身影消失在门外，转身走向柜台，把手中握着的第六枚戒指放回原处。

　　这本是一起盗窃案。一般情况下，人们会心怀怒气采用抓住盗窃者的方法追回赃物。但姑娘没有，她安稳住自己的情绪，并用简单的理由让盗窃者唤醒良心，从而避免了一场纷争。不难想象，如果姑娘一旦声张，盗窃者肯定不承认。其结果，不但姑娘要赔偿损失，连那来之不易的工作也许也会因此丢失。

　　一位从广州到云南出差的老干部，在小货摊上，被卖货的青年掏了腰包，几百元"外汇券"不翼而飞。货摊只有他俩人，明知此事与青年有关，但当他说出此事时，小伙儿翻了脸，叫他"到公安局去告"！

干部冷静地一思索，没和他来硬的，而是压低声音，恳求道："小伙子，我一下子买了你五六十元钱的东西，你怎么能这样待我呢？我知道，你们做生意的，声誉要紧啊！！"

这话既有恳求，又有开导，还有暗示，最后一句意味深长，不能不使青年深思。他进一步恳求道："我从广州来，人家好不容易找些外汇券托我买东西，丢了我怎么交代？叫我到哪里换外汇券？你就替我仔细找找吧，或许忙乱出错，混到衣服堆里去了。我知道，你们个体户是最能体贴人，也最热心，你就帮我老头儿一个忙吧！"

小伙子一听，觉得有理，心也虚了，不如赶快顺水推舟。于是把钱包往衣堆里一放，大叫："啊，原来在这里！"

结果，老干部道了谢，青年也留足了面子，皆大欢喜。

事例中的老干部的确是富有社会经验、善于控制情绪的人。他知道与青年硬碰硬地争执，肯定是两败俱伤，对事情的解决也没有好处。所以退而结网，设下一个台阶，让青年自动下台，这样解决事情，看似波澜不惊，却令人深受触动，达到了以柔克刚的效果。

情绪助你送好礼

送礼是一门高超的艺术，要将礼送好并非一件易事。这需要你有一个良好的情绪状态，并且善于把握对方的情绪。

"礼尚往来"、求人办事，都需要有良好的情绪，如果不讲究方法，而盲目去送，以"礼"压人或以"礼"求人，就不会恰到好处地把礼送好。送礼要了解对方的兴趣爱好，要伺机按对方的情趣有的放矢，巧妙安排。这样对方才易于接受，办事也能十拿九稳。而且更重要的是，你虽送了礼，却不让对方觉得自己收了礼。同时，在此过程中也要好好把握住自己不卑不亢的情绪。

英国女王伊丽莎白访问日本，有一项活动是访问 NHK 广播电台。当时NHK 派出的接待人是该公司的常务董事野村中夫。他接到这个重大任务之后，并没有慌乱，而是开始搜集有关女王的一切资料并且进行仔细研究，以便在与其初次见面的时候引起女王的注意而给女王留下深刻的印象。

　　于是，他开始绞尽脑汁在礼物上寻求突破点，可是一直都没有发现更好的办法。偶然之间，他有了一个新的发现，英国女王的爱犬是一种长毛狗，灵感就从这里来了。他马上跑到服装店特制了一条绣有女王爱犬图样的领带……

　　在迎接女王那天，他特意打上了这条领带。果然，女王一眼便注意到了这条领带，微笑着走过来和他握手。

　　野村所送的礼物只不过是一种无形的礼物，但它却令女王如此高兴，并牢牢记住了他。原因就在于，野村能很好地把握住女王的情绪，同时也能很好地调控好自己的情绪，从而努力设计出一份独特的礼物。这个礼物虽无形，但其中却充满了一种认同感。就是这种认同感，让女王体会到了他的良苦用心，感受到了他的一片深深的情意。

　　要把礼物送到人"心坎"，就要慎重对待礼物的轻重，同时把握住收礼人的情绪，以对方能够愉快接受为宜。

　　一般而言，礼物太轻，意义不大，很容易让人误解为瞧不起他，尤其是对关系不算亲密的人，更是如此。但是，礼物太贵重，又会使接受礼物的人有受贿之嫌，特别是对上级、同事，更应注意。除了某些爱占便宜的人外，一般人就很可能婉言谢绝，或即便收下，也会付钱，要不就日后必定设法还礼，这样岂不是强迫人家消费吗？如果受礼人家中不甚宽裕，无异于给人出难题。如果对方拒收，你钱已花出，留又无用，便徒生许多烦恼，何苦呢？因此，礼物的轻重选择以对方能够愉快接受为尺度，争取做到少花钱多办事，多花钱办好事。

　　礼物是感情的载体，任何礼物都表示送礼人的特有心意，或酬谢，或祝贺，或孝敬，或怜爱，或爱情，等等。所以，你选择的礼物必须与你的心意相符，并使受礼者觉得你的礼物非同寻常，倍感珍贵。实际上，最好的礼物是那些根据对方的情绪状态、兴趣爱好选择的、富有意义或耐人寻味的小礼物。比如，我们为住院的朋友送去一束鲜花，定能使其心情愉快，增强战胜疾病的信心；为远方的同窗寄上一册母校的照片，定能唤起他对学生时代的美好回忆；给爱好文学的朋友送上一套名著，必然使其欣喜若狂，爱不释手；为心上人送去一条漂亮的纱巾，她会含情脉脉地依偎在你的怀中……

　　就礼物的质量而言，它的价值不是以金钱的多少来衡量的，而是以礼物本身的意义来体现的。因此，选择礼物时要考虑到它的艺术性、趣味性、纪念性等多方面因素，力求别出心裁，轻轻落在人"心坎"里，激起感动的浪花。

第五章

人脉：开设你的人脉账户

　　一个人事业的成功，80％归因于与别人的相处，只有20％来自于自己的专业技能。人是群居动物，人的成功只能是来自于他所处的人群及所在的社会，只有在这个社会中游刃有余，才可为事业的成功开拓宽广的道路。没有一定的社会交际能力，没有一份好的人际关系，就免不了处处碰壁，就不会拥有一个好的生活。

第一节　精心维护一张人脉关系网

给你的"人脉"把把脉

要营造一份良好的人际关系并非易事，我们在社会生活中的碰壁也是在所难免。但我们不必因此而畏缩不前，而应该静下心来为我们的"人脉关系网"把把脉，以期保持一个健康的人脉心理，获得人生的成功。

一个人事业的成功，80%来自于与别人相处，20%才是来自于自己的专业技能。人是群居动物，人的兴衰成败只能来自于他所处的人群及所在的社会，只有在这个社会中游刃有余，才可为事业的成功开拓宽广的道路。如果没有一定的交际能力，免不了处处碰壁。

在美国，曾有人做过这样一个问卷调查："请查阅贵公司最近解雇的三名员工的资料，然后回答解雇的理由是什么。"结果是无论什么地区、无论什么行业，2/3的雇主的答复都是："他们是因为不会与别人相处而被解雇的。"曾任美国总统的西奥多·罗斯福也曾说："成功的第一要素是懂得如何搞好人际关系。"

同样，很多成功的商界人士也都深深地意识到了人脉资源对自己事业成功的重要性。曾任美国某大铁路公司总裁的A.H.史密斯说："铁路的95%是人，5%是铁。"美国成功学大师卡耐基经过长期研究得出结论说："专业知识对一个人成功的作用只占15%，而其余的85%则取决于人际关系。"所以说，无论你从事什么职业，学会处理人际关系，你就在成功路上走了85%的路程，在个人幸福的路上走了99%的路程了。美国石油大王约翰·D·洛克菲勒也曾说："我愿意付出比天底下得到其他本领更大的代价来获取与人相处的本领。"

所以，如果你想要成功，就一定要营造一个良好的人际关系。但要营造一个良好的人际关系，又并非易事。因为世人往往存在着许多的偏见与虚伪，使一些人在交往中不断受到挫折，承受了不少压力，最后失去兴趣而心灰意冷，产生了懒得交往的消极心理，正是这些消极心理使一些人失去了走向成功的机会。

在社会生活中碰壁是极为寻常的事。因为社会上的一切并不是专为你而安排，不可能完全按照你的意愿运行。但是，遗憾的是，许多人并不能认识到这一点。他们在碰壁以后，却疑神疑鬼，投鼠忌器，犹豫不前。这样，他们永远都无法获得成功。因此，现在你不妨坐下来，静下心为你的"人脉关系网"把把脉，看看自己是否存在以下有碍人脉健康发展的心理。若有的话，就应该彻底治疗了。

1. 防御心理

有些人往往习惯于以一种脆弱的心理去窥视外面的精彩世界。当这种精彩的世界"精彩"到使他们难以承受的时候，他们的心理便自然产生了一种防御与戒备。在他们的心里，世态炎凉，人情冷暖，钩心斗角，人心叵测，总令人防不胜防，于是他们信奉"画虎画皮难画骨，知人知面不知心"的人生信条，相信"逢人且说三分话，莫论他人是与非"的至理名言，他们进入交际场，自然会对他人缺少一种诚恳、真挚的信任感、坦率感。尤其是一些曾经受到过他人伤害，甚至是朋友伤害的人，"一朝被蛇咬，十年怕井绳"，或者是"别人被蛇咬，我也怕井绳"，这种防御心理就显得特别强烈。由此这些人的交际热情必然受到一定影响，有时甚至觉得不如"躲进小楼成一统，管他春夏与秋冬"，把自己与世隔绝，逍遥自得，过悠闲宁静地生活更好。他们从喧嚣的世界中退了出来，以为这样便可以省去了很多的彼此争斗、尔虞我诈，及由此带来的烦恼与苦痛。

2. 互惠心理

这是一种比较典型的功利性的心理观。带有这种心理倾向的人，在人际交往中往往以眼前的名利为目的，以能否从他人那里得到实惠（名利）为选择交际对象的标准，其交际活动带有明显强烈的市侩气息。所谓"穷居闹市无人问，富在深山有远亲"，正是这种人交际心理状态的真实写照。在这些人身上，功利二字常会激发他们攀附权贵、搞上层交际的热情，但同时也会自觉不自觉地促使他们远离一些真正值得交往的人。这些人也许暂时甚至是永远不能给他们带来实惠，在实惠与情义面前，他们选择了实惠，在物质与精神面前，他们摒弃了精神。因此我们可以说他们交往的倾向性是很强的。

3. 等级心理

生活在金字塔结构的等级制度中的人们，因自身的社会地位、文化教养、出身背景的不同，决定了人们必然处于社会系统的种种不同的等级中，因此交往中就必然带有一种比较浓厚的等级心理倾向，其交往的圈子也就容易限制在特定的等级范围里。文化人有文化人的圈子，当权者有当权者的圈子，老百姓有老百姓的圈子。表现在学者方面是"谈笑皆鸿儒，往来无白丁"；表现在高层官员方面则是很难交几个平民朋友或者是没有机会或无暇交往的，一种自以为德高的潜意识主宰了他们的言行；而表现在平民这方面，也会是一种畏上的自卑的等级心理，认为自己不过是一个普通工人或一介布衣百姓，够不上与高层次、与级别高的人交往，一旦与不同圈子的人相遇时，便不免自惭形秽，浑身上下不自在。

4．居中心理

它是一种能而不为、处事小心谨慎的心理倾向。带有这种心理倾向的人，一方面对社会、人生、对他人认识中的一些阴暗面有一种恐惧心理，他们对人缺少信任，只得与人小心翼翼地交往周旋，尽量与人拉开心理上的距离，保持一定距离才会使他们更有安全感；但另一方面，为了避免孤独、消除寂寞，他们也渴望感情，企盼温暖友爱。所以，人际交往中持有这种居中心理的人占有很大的百分比——对人不冷不热，处事不温不火，心理上的距离不远也不近，不轻易得罪一个人，也不企求有一个知己，一副顺其自然的状态。在他们的眼中这个世界上是没有永恒的朋友，也没有永远的敌人。

5．恋旧心理

随着现代社会经济体制的改革与变化，人际交往的对象也随之发生了变化，使得一些原来在稳定的环境中生活的人们出现了某种不平衡的心理状态。他们往往以旧的熟悉的人或事，和新环境中的人或事比较，十分留恋过去的旧环境，沉湎在以往人际关系的脉脉温情中。面对初来乍到的新环境，对初次相识相处的交际对象不甚了解，因而不愿主动交往甚至拒绝交际，从而在交际过程中始终处于被动地位。另一方面是时代的变化，人的价值观念的变化，金钱利益的影响对人的思想侵蚀，致使新时代人际关系变得冷漠虚情，使人格外留恋20世纪50年代的那种平等互敬、和谐单纯的人际关系。由此，人们在对比中或许更容易排斥或拒绝那种实惠、势利、虚情、市侩味十足的现代风气。于是，他们当然也就从心理上懒得与人交往了。

我们每个人都是属于社会的，只要我们生活在社会上，就得按新的道德标准和人际交往原则做人，做一个有情有味的人，做一个有礼有义的人。因此，我们还得要从以上分析的各种心理误区中走出来，在新的时代、新的形势前，敢于面对现实、面对物质金钱利益诱惑下人生的种种冷漠与严酷，不断增强自己生活的勇气和信心。要正确地看待我们生活中的苦与乐、真与假，也要正确地看待与我们朝夕相处的某一个人或某一个群体。唯有这样，我们才能获得人间真情，才能让我们的生活沐浴温暖的阳光。

为感情开个账户

为你的感情开个账户，把银行开在你的朋友或顾客的心里。在你的银行里存入你的真诚关怀以及各项超值服务。你的感情账户存入得越多，你和他们的感情就越深厚，你的人脉资源也就越牢固，越丰富。否则你的人脉资源就会出现问题，甚至枯竭。

你在银行里开个户头，可以储蓄，以备不时之需。你存储得愈多，你的财富就越富足。开个感情账户，就是把银行开在朋友或是顾客的心里，你为了维系你们之间的关系，而存入真诚关怀、超值服务。你的感情账户存入得越多，你与朋友的感情就越深厚。

能够增加感情账户存款的，是礼貌、诚实、仁慈与信用，这使别人对你更加信赖，必要时能发挥相当大的作用，甚至犯了错也可用这笔储蓄来弥补。有了信赖，即使拙于言辞，也不至于得罪人，因为对方不会误解你的用意。所以信赖可带来轻松、直接且有效的沟通。反之，粗鲁、轻蔑、威逼与失信，等等，会降低感情账户余额，到最后至透支，人脉资源就会出现问题了。

你帮朋友解决一个困难，朋友便欠了你一份人情，他是一定要回报的，因为这是人之常情。有人会觉得，这样一往一来，仿佛商品交易，其实不尽然。人情的偿还，不是商场的交易，钱物两清，咱们两讫了，那样太没人情味。

钱钟书先生一生日子过得比较平和，但困居上海写《围城》的时候，也窘迫过一阵。他家不得不辞退保姆，由夫人杨绛操持家务，所谓"卷袖围裙为口忙"。那时他的学术文稿没人买，于是他写小说的动机里就多少掺进了挣钱养家的成分。一天500字的精工细作，却又绝对不是商业性的写作速度。恰巧这时黄佐临导演上演了杨绛的四幕喜剧《称心如意》和五幕喜剧《弄假成真》，并及时支付了酬金，才使钱家渡过了难关。时隔多年，黄佐临导演之女黄蜀芹之所以独得钱钟书先生的亲允，开拍电视连续剧《围城》，实因她怀揣老爸一封亲笔信的缘故。钱钟书是个只要别人为他做了一点事，他一辈子都记着的人，黄佐临40多年前的义助，致使他多年后还不忘回报。

　　时刻存有乐善好施、成人之美心思的人，能为自己多储存些人情的债权。这就如同一个人为防不测，须养成"储蓄"的习惯，这甚至会让你的子孙后代得到好处，正所谓"前世修来的福分"。黄佐临导演在当时不会想得那么远、那么功利，但后世之事却给了好施之人一份不小的回报。

　　很多人都有一本或数本的银行存折，如果你一个月存 500 元，到了年底，你会发现，存折上不只是变成 6000 元，而且还有利息，这笔钱若提出来，用途还不少。人脉关系网的投资也是如此。

　　有一位出版商，他平时很注意人际关系的建立，不论是大人物还是小人物，他都不吝花销地和他们建立并保持良好的关系。据说有一位与他未曾谋面的作家因为急需，去向他借钱，他二话不说就掏出 2000 元。他广建人脉的结果是到处都有人帮助他，他因此而得到很多高质量的稿子。并且后来在他危急时，有很多人帮他渡过了难关。

　　他就是用在银行存钱的方式建立他的人脉——先存再提。

　　先存再提说来有些现实，有"利用"、"收费"的味道，但若从另一个角度来看，和别人建立良好的人脉关系网，本来就有着这样的益处，不能光用"现实"的眼光来看，而这些人脉必定成为你这一生中最珍贵的资产，在必要的时候，会对你产生莫大的效用。就像银行存款一样，少量地存，有急需时便可派上用场。而别人对你的善意的回报，有时是附带"利息"的，就好比银行存款会生利息那般。

　　此外，我们还要认识到愈是持久的关系，愈需要不断地储蓄。由于彼此都有所期待，原有的信赖很容易枯竭。你是否有过这种经验，偶尔与老同学相遇，即使多年未见，仍可立刻重拾往日友谊，毫无生疏之感，那是因为过去累积的感情仍在。但经常接触的人就必须时时投资，否则突然间发生透支，会令人措手不及。

提升人脉竞争力

　　若对人脉进行耕耘，那将是"一分耕耘，十分收获"。若你对你的人脉不断进行耕耘，并将你的人脉竞争力提升到一个新的高度，那么，你将会取得辉煌的成绩。

　　什么是人脉竞争力呢？相对于专业知识的竞争力来说，在人际关系中，人脉网络上的优势就是人脉竞争力。换句话说，一个人脉竞争力强的人，他拥有的人脉资源较别人更广且深。在平时，人脉资源可以让你比别人更快速地获取有用的信息，进而转换成工作升迁的机会或者财富；而在危急或关键时刻，人脉资源也往往可以发挥转危为安，或临门一脚的作用。那么如何才能提升你的人脉竞争力呢？

下面介绍几种方法，希望能助你一臂之力，甚至将你的人脉竞争力提升到一个新的高度。

1. 建立守信用的形象

"人无信不立"，一个人的行为必须与自己的言语相符合，不能说一套做一套，言行不一致的人，很难建立良好的人脉。同时，在现代社会中，讲诚信也是进行商业活动的基础，是获得经济效益的一种有效手段，信用与效益具有相辅相成的关系。

从个人修养来看，信用也是对人格境界的一种追求。守信用有三个层次，其一是小信，即表里如一；其二是中信，即在自己言行一致的基础上，督促他人守信；其三是大信，将个人的诚信服务于全社会。当然要做到这个层次很不容易，这也是守信用的最高境界。

我们普通人若能做到小信，必能人脉顺畅；若能做到中信，人脉的竞争力将会得到大大的提升。

建立守信用的形象，需要从小事做起，哪怕是微不足道的一件小事，都要以守信用为根本，持之以恒，留给他人的自然就是一个恪守信用的形象了。

2. 乐于与人分享

分享已成为现代社会拓展人脉的利器。不管是信息、利益还是机会，懂得分享的人最后总是比其他人获得更多。这是为什么呢？

人的关注面毕竟是有限的，可是社会信息量却越来越多，要想掌握更多的信息，只能与大家分享。

有些人很害怕与人分享信息，认为会把自己的机会给分享走了。短时间来看，或许是这样，如果将眼光看长远一点，就不会这样认为了。因为你一个人不可能赚走所有的钱，一个人也不可能抓住所有的机会，当你将在一段时间内赚不过来的钱或者抓不住的机会与他人分享，使他人得到这一切，这个过程就像你把钱存在银行一样，在适当的时候，受益的人也会给你提供相应的信息。

乐于与人分享，是你在处理人脉方面的重要一环，与你分享的人越多，你的人脉竞争力就会越大。

3.增加自己被利用的价值

人脉存在的基础在于双赢，如果自己没有被人利用的价值，别人也就没有与你建立人脉的必要。从这一点出发，若想提升自己的人脉竞争力，你必须增加自己能被人所利用的价值，即尽自己一切力量去帮助他人。

你若能为他人做更多的事情，他人就越愿意跟你建立人脉关系网。这就要求你要不断地学习各种知识、技能。"滴水之恩，涌泉相报"，你给别人以帮助，别人自然会感激在心，会寻求机会给你以回报。这样，你能为他人做更多的事，他人自然给你的帮助就越大。

4.增加自己曝光的机会

要多参与一些聚会、公益性质的活动，给他人认识自己创造更多的机会。这样的场所在日常生活中是很多的，关键在于你自己去发现。如读书会、做义工、参加各种培训班……都可以用来拓展人脉，而且，在这样的组织中，要尽量发挥自己的长处去帮助别人，扩大自己的影响力，在别人心中留下你的印象。

认识你的人多了，你的人脉竞争力也会随之增强。有一个人最初是做销售的，随着参加各种销售方面的活动，认识的人也一天天地多了起来。后来他自立门户，不到半年的时间，他创建的公司就有了不少的收益，这都得益于他以前建立的关系。他曾经深有感触地说："我认识的客户，哪怕一个星期做一家的单，两年我都做不完。"

让别人认识你比你认识别人更重要！

5.永远保持好奇心

一个只关心自己，而对别人、对外界没有好奇心的人，即使有再好的机会出现，也会与之失之交臂。

我们都知道，认识一个人，首先是从对这个人感兴趣开始的，包括对这个人的长相、衣着、行为、所从事的工作，及一切关于他的事物感兴趣，而兴趣正是好奇心的体现。可以说，好奇心是我们认识别人、拓展人脉的原动力。区别只在于，有的人是无意之中受好奇心的驱使，下意识地去结识人，而现代社会中更多的人则是有意识地保持自己对人、对事的好奇心，并在与人的交往过程中认真学习、弄懂并加以运用。这样的人比其他人更容易建立起人脉，而且建立起来的人脉关系网也更具竞争力。

6.把握每个帮助别人的机会

助人者，人恒助之。高阳这么描述胡雪岩："胡雪岩倒霉时，不会找朋友的麻烦；他得意了，一定会照应朋友。"胡雪岩的成功很大程度上取决于他人的帮助，这些人之所以要帮助他，是因为他们以前接受过胡雪岩的帮助。投桃报李，正是人脉的要义。

7.同理心

"以责人之心责己，以恕己之心恕人"，经常站在对方的立场上来考虑问题，是同理心的具体体现。

我们做任何一件事，在想到自己一方的同时，也要考虑对方的处境，并采取相应的措施给对方以方便，那么我们想做的事情必定更容易成功。别人与我们的相处将会更愉快、更轻松。这样一来，我们的人脉竞争力也会越来越强。

许多人对人脉竞争力的重要性没有深刻的认知，通常也不愿在这上面花更多的时间，往往到了关键时刻才发觉自己的人脉资源太少。不妨改变一下观念，可能就会产生截然不同的结果。

只对某个专业进行耕耘，就只能是"一分耕耘，一分收获"，若能对人脉进行耕耘，则将是"一分耕耘，十分收获"。

当你将你的人脉竞争力提升到了一个新的高度，你会发现，你的生活正变得越来越轻松惬意，你的人生事业也会变得更加光辉灿烂。

将人脉调整到最佳状态

清理自己的人脉关系网，将你的人脉调整到最佳状态。唯有如此，才能和每一个所要结识的人缔结深厚的交情，人脉关系网才能牢固，才能得到完美维护。

人类社会经过千百年的发展，人脉更被打上了独特的烙印。想在社会中生存发展，想在社会活动中游刃有余，想在社会发展中出类拔萃，出人头地，良好的人脉能在你的事业成功路上助你一臂之力。

无论是政治家还是商人，都需要良好的人脉关系网，古今中外皆如此，决定事业成败胜负的一个重要因素，就是如何织好并利用这张网。有的人整天忙忙碌碌，认识很多人，网织得很大，但漏洞百出，而且又有许多死结，结果使用起来没有实效，撒进海里网不到鱼。而有的人就不是这样，他们懂得在人脉关系网中找到最重要的那一个环节。那就是，他们在组建自己的人际关系网时，学会了如何筛选。换言之，就是他们随时准备重新评估早已变得难以掌握的人际网络，对现有的人际关系网重新整理，放弃已不再对他们感兴趣的组织和人。

那么，该如何来对你的人际关系网进行筛选呢？

国际知名演说家菲立普女士曾经请造型顾问帕朗提为她做造型设计。菲立普女士说："整理出来的衣服总共分成三堆：一堆送给别人；一堆回收；剩下的一小堆才是留给自己的。有许多我最喜欢的衣物都在送给别人的那一堆里，我央求帕朗提让我留下件心爱的毛衣与一条裙子。但她却摇摇头说道：'不行，这些也许是你最喜爱的衣物，但它们却不适合你现在的身份与你所选择的形象。'由于她丝毫不肯让步，我也只得眼睁睁地看着自己的大半衣物被逐出家门。我必须学着舍弃那些已不再适合我的东西，而'清衣柜'也渐渐地成为我工作与生活的指导原则。不论是客户也好，朋友也好，衣服也罢，我们必须评估、再评估，懂得割舍，以便腾出空间给新的人或物。我也常用这个道理与来听演讲的听众分享，这是接受并掌握生命、生涯不断变动的一种方法。"

清理人际关系网也正如清除衣柜。帕朗提容许菲立普女士留下的衣服，当然是最美丽、最吸引人、也是剪裁最得体的几套。"舍"永远不是件容易的事，虽然有遗憾，但从此拥有的不仅都是最好的，更重要的是也有更多空间可以留给更好的。

如果我们对自己的人际网络做同样的"清除"工作，在去粗取精之后，留下来的朋友不就都是我们最乐于往来的吗？我们应该把时间与精力放在让自己最乐于相处的人身上。在平时需要奔波忙碌于工作、社交与生活之间的我们，筛选人际关系网络是安排生活先后次序的第一步。

持续地拥有一些名片，只不过是自我满足而已。倘若仍然保留那些一次也不曾利用的名片，则属于完全缺乏人际关系价值。不过，被认为已经中断联系的名片，也有可能在某种机会，如间歇火山般地再度复活。因此，即使被视作已经中断联系的名片，也没有必要完全抛弃。

名片的整理方法，可以按活火山、间歇火山、死火山等三种类别分类。如果任由名片不分程度地混杂在一起，原本仍然活跃的名片势必会遭扼杀。

不过，大费周折地将已经中断联系的名片或者从未利用的名片仔细分类存放，则是时间的莫大浪费，是毫无意义之举。只需要将它们一起放在一个盒子保存即可。要始终记住：名片数量不等同于人际关系。

此外，对于视作活跃的名片，你也应该限定张数，不要任其扩增。也就是说，你必须对你稳固的人际关系网的人数有个数量限制。比如，将活跃人际关系的名片数量限定为三本名片册。一旦数量超过时，就必须重新进行全面检查，将已无联系的名片移转入已经中断的名片册中。如果你拥有的没有限定数量的名片，你就没有机会，也无法选择应和哪些人进行深入的交往。反之，一旦选择发生，人际关系的数量必定会相应减少。你没有时间，也没有那么多精力和认识的每一个人深交。很多时候质与量是成反比的，如果数量的下降则势必导致质量的上升。唯有这样，你才能和再一个你所要结识的人缔结深厚的交情，你的人脉关系网才能牢固。

在我们的实际生活中，需要调整人脉关系网的情况一般有以下三种：

1. 奋斗目标的变化

也许你的奋斗目标已经实现，也许你的奋斗目标已经发生了变化，比如，弃政从商吧，这需要你及时调整人脉关系网，以便更有效地为新的目标服务。

2. 生活环境的变化

在当今这样的开放社会，人口流动性空前加快，本来在广州工作的你，也许会北上到北京去工作。这种工作环境的变动，势必由工作关系、客户的变化，引起人脉关系网的变化。

3. 某些人际关系的断裂

天有不测风云，人有旦夕祸福，朝夕相处的亲人去世了，在悲哀的同时，不能不看到人脉关系网的变化。

可见，调整人脉关系网有被动调整和主动调整两种，不管是何种调整，都要求我们能迅速适应新的人脉关系网。

为此，我们应当努力为自己建造一种善于进行新陈代谢的开放性人脉关系网。这样做也许有点琐碎，但其回报是你将拥有一个充满活力的人脉关系网，而且一旦我们付出努力，回报将是相当丰厚的，因为它能回报给你一个充满活力的人脉关系网，这将有益于你一生的事业与生活。

优化你的人脉关系网

维护一张人脉关系网，你还得对你的人脉关系网进行优化，唯有如此，你的人脉关系网才能稳固与发展，才能更好地为你人脉资源的拓展创出效益，你的人脉才能拓展。

人脉网络是现实生活中人们因某些原因自发联系起来的一种人际组合。人脉网络的优良与否是一个人沟通力是否出色的标志之一。如果你希望能在公司里逐步晋升，就要对自己和周围环境进行谋划，选择并创造适合本人发展的人脉网络，这是十分重要的。建立巩固的人脉网络对你的成功是很有帮助的，这并不完全是因为别人能为你做些事情，也因为当你和朋友们在一起的时候，你能学会很多东西。好的人脉关系能够拓展你工作与生活的视野，让你能够和社会正在发生的一切保持同步，也能够提高你交流的能力，所有这些都是你通往晋升之路的动力源泉。

要时常优化自己的人脉网络，你就得注意以下几点：

1. 制定目标，不懈努力

你需要制订可以沟通的目标。试着每天打 10 个电话，不但要扩张自己的人际关系，还要维系旧情谊。如果一天打 10 个电话，一个星期就有 50 个，一个月下来便可达到 200 个。平均一下，你的人际网络中每个月大概都可能增加十几个新朋友。

建立关系网最基本的原则就是：不要与人失去联络，不要等到出现麻烦时才想到别人。"关系"就像一把刀，常常磨砺才不会生锈。若是半年以上不联系，你可能已经失去你的朋友了。

2. 坚信"关系"无所不在

关系无所不在，不经意的人事交往之中，就可能发展出很不错的关系。

善于拓展"关系"的有心人，不论是洽谈公事时还是在私人聚会上，总是会掌握恰当的沟通时机。对这些有心人而言，人生就是一场游戏——会议室、酒吧、餐厅，甚至在澡堂里，处处都可以"增加见识"。跟人谈上一两个小时，一定可以学到一点东西。另外，出差、旅行也是拓展"关系"、提升沟通力的好机会。

3. 选准时机联络"关系"

大忙人虽不好找，但并不表示他们绝对无法接近。你不必浪费时间在上班时间打电话给他们，这些人上班时间里不是在开会就是在打电话，要不就是出外办事了。要学会利用空当，"拉关系"的高手认为，傍晚六七点钟是与这些忙人接触的"黄金时刻"。秘书、助理等大概都走了，只剩下一些"工作狂"还舍不得走，希望自己的"埋头苦干"能给上司留下深刻的印象。此时正是联络这些"贵人"的最适当的时机。

只要抓住窍门和时机，就能联络到每一个人。大凡有能力、有地位的人几乎都有层层的关卡保护，你若能突破这些障碍，剩下的就不难了。每个企业都有门卫，设法找到他们，跟他们建立某种"关系"，他们就会告诉你通往上司办公室的秘密通道，让你日后一帆风顺。

4. 适时记录"关系"的进展

记录自己关系网的发展要像写日记一样，数十年如一日。这可能不容易做到，然而如果有恒心、有耐力，一定会成绩斐然。你如果很认真地在增进自己的"关系"，那么认识的人一定不少。要巩固成果，找出真正的"人尖儿"，不妨记录每一次联系的情形。在记忆犹新的时候就要赶紧记下，如果等到日后再来补记，效果就要打折扣了。可记录的要点包括：姓名、地址、电话号码、你的看法以及日后联络的方法，当然，用不着咬文嚼字地像在写一篇动人的散文。

5. 不要急于求成

拓展"关系"时，如果盲目地向前冲，就会使人离你越来越远。你的积极进取在别人眼里可能是"别有用心"，可能是"没有头脑"、"幼稚"，你首先就在对方心中留下了一个不良的印象。

急于拉拢关系的人会因为一点收获而自满，要他们付出，得先谈条件，而且不愿与人分享感情。

可持续发展的"关系"应该是长久而稳固的。正如一位企业界人士所说的："我从不相信在三分钟内就跟我称兄道弟的朋友。"

好的关系通常需要一段长时间的努力和真诚的沟通才能建立。优化人脉网络，最需要注意方法与技巧，相信你读了上面的内容会获益匪浅。

第二节　受人欢迎的六个方略

好的开场白，好的后续

在现代人际交往中，语言往往代表一个人的形象，也往往决定一次交际的成败。在交际中，你若想使你的语言吸引人，那么从一开始就应该抓住你的开场白。

一次成功的交流，往往取决于一个好的开场白。人心是很微妙的，同样是与人交谈，但有的说话方式会令对方厌烦，而有的说话方式却会令对方不由自主地产生喜悦。卡耐基告诉人们，若想把自己表现得更好，形成圆满的人际关系，就应善加利用这种"卷入效果"——常用"我们"一词。

用"我们"将是一个最好的开场白，把对方无形之中拉进了自己的圈子，就算对方想走也得找个合适的理由。用"我们"不仅缩短了彼此间的距离，还促进彼此间友好的关系，要对对方动之以情，主动地先去了解对方的苦恼与欲求。这种了解作用，心理学上称为"共感"，或称"感情移入"。要记住的是，你必须先对对方表示"共感"，对方才会对你表示"共感"。所以，首先你必须运用心理谋略，做出"共感"的姿态，这种姿态一旦演习熟了，也就会真正产生出彼此的"共感"来。

好的开场白，除了距离的问题外，也必须投其所好，从兴趣下手，先入为主。

凡是拜访过美国前总统西奥多·罗斯福的人，无不对他广博的知识感到惊讶。无论对一个牧童、猎骑者、纽约政客，还是一位外交家，罗斯福都知道该同他谈些什么。那么罗斯福是如何做到这一点的？

其实答案很简单。无论什么时候，罗斯福每接见一位来访者，他就会在这之前的一个晚上阅读这个客人所特别感兴趣的材料，以便见面时找到令人感兴趣的话题。

这就是与人沟通的诀窍，即谈论他人最高兴的事情，因为兴趣是具有感染性的。

有一位自由撰稿人欲与某出版社的主编进行出书条件的交涉，在深入调查了该主编的生活方式与兴趣爱好后，便把主编邀到一家咖啡馆内。

主编是一个爱好打保龄球的人，而自由撰稿人也喜欢这项运动，所以坐下来时，自由撰稿人先开口提到：

"上个礼拜天，我到保龄球馆打球，可是手气很差，没什么战绩。"

话一说完，观察对方的反应，果然不出所料，主编便兴致勃勃地问：

"怎么？你也喜欢打保龄球吗？"

"我虽然不擅长，不过却很热爱这种休闲活动，常常去打。"

"哈！哈！其实我也喜欢这玩意，几天不摸球手就痒痒。"

"战绩如何？"

"最高分是 258。"

"这可是专业水准了。"

一谈到感兴趣的话题，主编的情绪越来越高涨，并互相约定下次一同去打球，而且还说了一句很关键性的话："这个约定和出版的条件无关，完全是两码事。"但几天后，双方便订了合同，而且是按照自由撰稿人所要求的条件订立的。

兴趣，在人际圈中是一把无形的利剑，可以斩断任何难缠的荆棘。

有时候一般的交谈是由"闲谈"开始的，说些看来好像没有什么意义的话，其实就是先使大家轻松一点、熟悉一点，造成自由交谈的气氛。

当交谈开始的时候，我们不妨谈谈天气，而天气几乎是中外人士最常用的普遍的话题。天气对于人生活的影响太密切了，天气很好，不妨同声赞美；天气太热，也不妨交换一下彼此的苦恼；如果有什么台风、泥石流或是季节流行病的消息，更值得拿出来谈谈，因为那是人人都希望了解的。

如果你到了一个朋友家里，在客厅里看到他孩子的照片，你就可以和他谈谈他的孩子；如果他买了一台新的电脑，你就可以和他谈谈电脑；如果他的窗台上摆着一个盆景，你就可以跟他谈谈盆景；如果他正患胃痛，你就可以跟他谈谈胃和胃药，关心对方的健康，往往是亲切交谈的极佳话题。

不言而喻，尽管掌握了对方的兴趣，找好了谈话的素材，但不一定就意味着会有一个好的开场白，所以每一个人都希望自己能够从容自如信心十足，梦求自己能展示超凡脱俗的说话魅力。但是，我们须知，说话的信心和魅力如何，与说话的水准和技巧是休戚相关的。敢于说话而不善于说话，不行；善于说话而不敢说话，也不行。只有既敢于说话又善于说话，才能如虎添翼，锦上添花，产生很好的交际效果。

进行开场白之时，还应注意避开一些不合适的话题，如果你采用了这些话题，那就无异于是在取消后面的交谈。

不合适的话题主要有以下几种类型：

（1）有关谈论自己的话题。有的人谈来谈去总是围绕着自己的生活，开始人们也许还有兴趣听，时间久了人们便失去了兴趣甚至躲开了。

（2）有关禁忌的话题。如夫妻关系、家庭成员之间的矛盾、不愿谈及的疾病等。如有的人不愿意别人打听自己的经济来源或经济状况等。所以这些话题最好不要触及，除非对方主动提及。

（3）假话题。假话题是指那些无法继续下去的话题，如果你用"今天天气很好"来开始谈话，对方便没有什么话来回应。

如果你发现周围的人不愿意与你交谈，那你就要检查一下你在选择话题方面是不是存在问题。检查的方法如下：

以一星期为限，尽可能记下你与人交谈时所选择的所有话题。如果有的话题重复出现，在话题后面记下次数。这样就得到了一张你选择的话题的清单。检查出现次数较多的话题，问自己两个问题：如果别人总是跟你谈这样的话题，你想不想听？如果不想听，为什么？

好印象，好开始

第一印象是人际交往中非常重要的一环，别人会根据我们的"封面"来判断我们所包含的内容，我们也通过观察别人的外表，来判断他们。第一印象就像刻在他人心上的烙印，很难改变。

在人际交往中，人们历来都很重视给对方留下良好的第一印象。这是因为给人的第一印象对一个人形象的形成起着先入为主的作用。人际关系专家认为：良好的第一印象，既是一张最好的社交名片，又是一张最有权威的介绍信。

时髦的"8分钟约会"集征婚与游戏于一体，把爱情化解为数学上的排列组合。在最初见面的7秒钟里，大多数人就已经做出了是否与对方继续交往的决定，一些人甚至只需要 3 秒钟，所以我们将它称为人际交往的 7 秒钟原则。

一个人如果在与他人交往时，没有把握好这 7 秒钟，第一印象肯定不好，如要挽回，需要付出很大的努力。这一点每个人都要引起足够的重视。

一个善于交际的人都很重视自己给别人的第一印象，他总是注意保持自己的最佳形象，用良好的第一印象为自己做事打开局面。

美国著名的电影公司米高梅环球影城公司一向以严格的衣着习惯著称，该公司的高级职员一般都要穿深色套装和白衬衫。作为演艺界这样一个充满活泼、浪漫色彩的地方，米高梅公司为何做如此古板的规定呢？要知道米高梅公司的总经理并不是一个严肃而缺乏幽默感的人，他之所以要求他的职员如此，是因为他知道在大众的心目中"好莱坞人"总是口叼雪茄的商人形象，这样的人往往喜欢夸夸其谈，给人以很不老实的感觉。所以米高梅公司试图从衣着上给大众一种稳定的正面形象，以消除过去留下的消极影响。

那么，该如何来展示自己的第一印象呢？

1. 留意自己的穿着

"先敬罗衣后敬人"，从道德上说是不公正的，但面对现实的社会观念，我们尚无法改变。因为要对方了解你的内在美，尚需一段时间，而体现一个人个性的着装却一目了然，给人留下第一印象。

留意你的穿着，并不是叫你穿上最流行、最时髦的衣服，而是希望你穿得干干净净、整整齐齐，至于衣服是新是旧，质地是好是坏，却不是主要问题。

美国有许多家大公司对所属雇员的装扮都有"规格"，这规格不是指要穿得怎么好看，而是人们观感的水准。有一本书叫《应酬之道》，书中提出，在与人见面前衣饰应注意以下几点事项：

（1）鞋擦过了没有？

（2）裤管有没有痕？

（3）衬衣的扣子扣好了没有？

（4）胡须刮了没有？

（5）梳好头没有？

（6）衣服的皱褶是否注意到？

乍一听似乎可笑，事实上，这些小打扮总给人留下良好的印象，整洁的着装总是给人一种信赖感。

2. 展现自己的风度

与衣着紧密相连的是人的风度。如果说衣着是一个人的审美力的反映的话，那么风度则是一个人的性格和气质的反映。有的人性格开朗，气质聪慧，风度则往往潇洒大方；有的人性格豪爽，气质粗犷，风度则往往豪放雄壮；有的人性格沉静，气质高洁，风度则温文尔雅；有的人性格温柔，气质恬静，风度则秀丽端庄。

风度是性格和气质的外在表现，属于一个人的外部形态，是由一个人的言谈举止所构成的。与心灵相对而言，风度是一种形式，也是感受形式美的眼睛所最先接触的。因此，从风度的好坏，不仅可以看到一个品行，而且也可以部分地看出一个人的内心世界。我们主张人是需要有美的风度的，人的言谈举止、待人接物都应当表现出文明的美的风度。如果举止轻浮，言谈粗鄙，待人接物玩世不恭，甚至粗暴狂躁，那就不是文明礼貌的表现。

风度不是来自模拟得之，更不是装腔作势的结果，而是一个人的心灵美的外在表现，是在长期的社会实践中所形成的好的性格、气质的自然流露。要有美的风度，关键在于个人在实践中培养自身的美的本质，形成美的心灵。古人早就说过："诚于中而形于外。"心里诚实，才有老实的样子。心不诚实迟早要被人看破的，更何况风度这种外在美是没法装得像的。当然，人的风度是多样的，不能强求一律。人的风度的多样性，是由人的性格、气质的多样性所决定的。但是，无论性格、气质的多样性也好，还是风度的多样性也好，都应当体现出人的美的本质。而只有美的心灵，美的性格、气质，才能有美的风度。

3. 提高自己的修养

我们强调"第一印象"在取悦中的重要作用，但这仅仅是一种首要效应，并不是本质的、内在的、不可改变的。

（1）双方初次见面所获得的印象只是一些表面特征，不是内在的本质特征，所以单凭第一印象作为继续交往的基础是不牢固的。如一些男女青年初次见面时，往往是凭仪表、长相而一见钟情，而不考虑对方的个性态度、品质而草率结婚。事实证明，这是靠不住的，往往会留下后患，最后甚至导致感情破裂。

（2）第一印象不是无法改变的，随着时间的推移，交往的增加，对一个人的各方面情况会愈来愈清楚，从而可以改变第一次见面时留下的印象。

（3）即使是第一印象的展示，也反映了人的个性品质，归根结底，它是一个人平时长期修养的结果。没有平时良好的修养，即使主观上想给人留下一个好印象，也往往是东施效颦，装模作样，反而令人生厌。

如果你掌握了以上技巧，你就会在社会交往中树立自己的良好形象，从而，也就会有更多的人乐于与你交往。

把自信"写"在脸上

　　自信，是人的意志和力量的体现，是交际能力最重要的素质之一。而缺乏自信，常常致使性格软弱并阻碍事业成功，也是提高交际能力最大的心理障碍。

　　命运给我们在社会上安排了一个位置，为了不让我们在到达这个位置之前就丧失信心，它要让我们对未来充满希望。正是由于这个前景，那些雄心勃勃的人都带有强烈的自信，甚至到了让人难以容忍的地步，但这却是让他继续向前的动力。一个人的自信正预示着他将来会大有作为。

　　德国哲学家谢林曾经说过："一个人如果能意识到自己是什么样的人，那么，他很快就会知道自己应该成为什么样的人。但他首先得在思想上相信自己的重要。很快，在现实生活中，他也会觉得自己很重要。"对一个人来说，重要的是相信自己的能力，如果做到这一点，那么他很快就会拥有巨大的力量。

　　在大萧条时期，很多人失业。有个小男孩需要在暑假找份工作来交学费，便在报纸上努力地寻找相关的信息。终于他找到一个合适的工作，第二天一大早就赶去应聘。但当他赶到的时候，前面已经排了很长的队，而这个公司仅仅招聘一个人。看到这种情况，小男孩马上写了个纸条，找到负责接待的小姐，说："小姐，能帮我把这个纸条交给经理吗？"秘书小姐很诧异，但还是爽快地答应了，把纸条交给了正在面试的经理。经理打开纸条，上面写着："您好！请您在面试第51号之前不要做出任何决定，因为我是51号。"经理满怀好奇，想看看第51号究竟是个什么样的男孩，所以在面试第51号之前，他没有做出任何决定。最后的结果可想而知，经理录取了这个小男孩。没人会想到一个没有工作经验的小男孩，能打败那么多对手获得这份工作。然而就凭着他的自信，他成功了！

　　自信，是人的意志和力量的体现，是交际能力最重要的素质之一。而缺乏自信，常常致使性格软弱并阻碍事业成功，也是提高交际能力最大的心理障碍。

　　和人的任何一种精神素质一样，一个人的自信心，也不是与生俱来的。它与人的思想素质的高与低、身体素质的强与弱、生活境遇的好与坏都有着直接的关系。自信，也是在为理想的奋斗与追求中，经过不断的实践逐步成长起来的。一个人具有强烈的自信心，必定是个敢于实践的人，不会因观望、等待的消极态度丧失生活赐予的各种机会，而总是在创造、发展自己的机会；他也必定是个精神豁达、乐观大度的人，即便是受到了生活的磨难和挫折，也绝不会轻易向困难低头认输，而总是满怀信心，迎难而上，用自己的光和热去照耀生活、温暖生活，并给朋友带来信心、力量和希望。对于每一个人来说，自信，永远是一种珍贵的精神品质。

在沟通中缺乏信心的一个重要原因是不知道他在与什么人打交道。就像一位技工要修理陌生的电脑，他总会犹豫不决，每一个动作都表明他缺乏信心。而一位熟悉电脑的技工，由于他了解电脑的原理，他的每一个动作便都流露出自信。我们的沟通也是同样的道理，我们越是了解对方，与他打交道时信心就越足。

只有自信与自尊，才能够让我们感觉到自己的能力，其作用是其他任何东西都无可比拟的。而那些软弱无力、犹豫不决、凡事总是指望别人的人，正如莎士比亚所说，他们体会不到也永远不能体会到自立者身上焕发出的那种荣光。

有的人心里越是自卑，人际关系就越乱，而人际关系越乱，心里就越自卑，慢慢地就形成了恶性循环，这是人际交往的大忌。生活里的人际关系，往往比踏入社会之前所想象、所期待的要复杂得多。人际关系处理不好，在一些个性比较独立的人当中普遍存在。从他们开始认识社会生活中的人际关系，到适应不了，再到逐步适应这样一个漫长过程中，常常因此感到苦恼、困惑和力不从心，影响到自己对社会的正确认识，对生活的信心。克服这种消极心理，需要时间，也需要忘掉自己不切合实际的念头，认识到社会风气的好转和人际关系的和谐有赖于全社会文明程度的提高，这需要从每一个人做起，从自己做起，通过不断努力去实现。刚刚步入社会，暂时适应不了社会是人之常情，最重要的就是要注意不能因为适应不了而自我封闭起来。人是社会的组成部分，人的工作是社会的工作，所以不能与社会隔绝，只能以积极的自信，通过自己的争取，去取得与社会规范相一致的认同感和现实感，加速自己的社会化进程。

如果是由于自己的性格特征和习惯引起的人际关系紧张，就应该认真注意加以纠正。比如，清高、傲气会使别人避而远之，小肚鸡肠往往让人鄙视，刻薄、自私不会受人欢迎，等等。这些不良性格特征都是影响朋友关系的重要因素。总之，处理人际关系是一个复杂的过程，这个过程也许会比较长，但只要自己自信一点，不使自己处于社会大门之外，不断地去探求生活中的真善美，摒弃生活中的假恶丑，就能逐渐求得自己与周围环境的和谐，使自己适应社会生活的要求。

生活是纷繁复杂的，人生道路也充满了崎岖与坎坷。这就要求我们在思想、学识和身体上应有充分的自信去准备。居里夫人曾说："我们生活都不容易，但是，那有什么关系？我们必须有恒心，尤其要有自信！我们必须相信我们的天赋是要用来做某种事情的，无论代价多么大，这种事情必须做到。"确实，人生的奋斗不可缺少自信，人要涉过生活的海洋，走向事业的高峰，都要以自信作基础。唯有自信的人，才是将来走向成功的人。

赞美，缩短心与心的距离

期望被别人赞美是人们的内心深处的一种基本愿望。人际交往中，赞美往往能缩短心与心的距离。

在许多场合，适时得当的赞美常常会发挥它的神奇功效，美国总统林肯说："人人都需要赞美，你我都不例外。"人人都渴望得到赞美，这是人们的共同心理。美国心理学家威廉·詹姆士说："人类本性中最深的企图之一就是期望被赞美、钦佩及尊重。"在人与人之间，无论是朋友之间，夫妻之间，师生之间，还是领导与下属之间，父母和子女之间，互相赞美是必不可少的。

渴望赞美是人的本性，美国心理学家马斯洛以科学的手段剖析了人的需要，认为人的需要和欲望多种多样，有生理需要，安全需要，人际需要，尊重和荣誉的需要，其中生理需要是最原始、最基本的需要。一个人从儿童时代起，第一需要的是美味食物，第二就是做个"好孩子"，渴望得到大人的赞美。

在人际关系中，每个人都希望与别人和睦相处，获得好人缘，得到亲朋好友的尊重和认可，事业上，渴望在社会上谋求一席之地，实现自我价值。总之，对赞美的渴求源于人的本性，具有无穷的力量。人不仅要满足物质需求，更重要的还有精神需求，赞美给予人的不仅仅是自尊心，它还能给人以自信与力量，这种精神的力量是无法用其他东西所替代的。无怪乎英国大文豪莎士比亚说："赞美，即是我的薪俸。"美国以幽默风趣出名的短篇小说大师马克·吐温也说过："一句精彩的赞美可以作我十天的口粮。"

确实，无论是男女老少，还是尊卑贵贱都喜欢别人对自己赞美。赞美能给他人带来成倍的成就感和自信心，可谓是一种感化他人的有效方法。

但是，在生活中，我们也曾见过不恰当的颂扬和奉承，激起的只是对方的疑虑甚至厌恶。恰如雨果所言："我宁可让别人侮辱我的好诗，也不愿别人赞美我的坏诗。"因此赞美也要恰当，做到恰如其分，要讲究艺术和技巧。下面就介绍一些赞美别人的简单策略。只要我们牢记这些经验，赞美就很容易奏效。

1. 实事求是，措辞适当

当你的赞语没说出口时，先要掂量一下，这种赞美有没有事实根据，对方听了是否相信，第三者听了是否不以为然。一旦出现异议，你就无足够的证据来证明自己的赞美是站得住脚的。所以，赞美只能在事实基础上进行。

措辞也要适当。一位母亲赞美孩子："你是一个好孩子，有了你，我感到很欣慰。"这种话就很有分寸，不会使孩子骄傲。但如果这位母亲说："你真是一个天才，在我看到的小孩子中，没有一个赶得上你的。"那会把孩子引入歧途。

2. 间接地赞美他人

如果直接赞美一个人，有时反而会使他感到虚假，或者会疑心你不是诚心的。这时，你有必要采取一些迂回的方法。比如，你可以称赞他所从事的职业以及这个职业在生活中的地位、作用等，这样不仅能对对方起到赞扬鼓舞的作用，而且还能使对方感到你对他的赞美是真诚的。

3. 借用第三者的口吻赞美他人

有时，我们为了博得他人好感，往往会赞美对方一番。若由自己说出"你看来还那么年轻"这类的话，不免有恭维、奉承之嫌。如果换个方法来说"你真是漂亮，难怪 ×× 一直说你看上去总是那么年轻"，可想而知，对方必然不会把你的赞美当作奉承。一般人的观念中，总认为"第三者"所说的话是比较公正、实在的。因此，以"第三者"的口吻来赞美，更能得到对方的好感和信任。

4. 比较性的赞美

两个学生各拿着自己画的一幅画请老师评价。老师如果对甲说："你画的不如他。"乙也许比较得意，而甲心中一定不悦，不如对乙说："你画的比他还要好。"乙固然很高兴，甲也不至于太扫兴。

5. 热情具体的赞美

我们经常看到有人在称赞别人时所表现出来的漫不经心："你这篇文章写

得蛮好。""你这件衣服很好看。""你的歌唱得不错。"这种缺乏热诚的空洞的称赞并不能使对方感到高兴，有时甚至会由于你的敷衍而引起反感和不满。

6. 赞美要适度

适度的赞美才会使人心情舒畅，否则，便会使人难堪、反感，或觉得你在拍马屁。因此，合理地把握赞美的"度"，是一个必须重视的问题。

另外，赞美的方式要适宜，即针对不同的对象，采取不同的赞美方式和口吻去适应对方。如对年轻人，语气上可稍带夸张些；对德高望重的长者，语气上应带有尊重的口吻；对思维机敏的人要直截了当；对有疑虑心理的人，要尽量明显，把话说透。赞美的频率也要适当，在一定时间内赞扬他人的次数越多，赞美的作用就越小，对同一个人尤其如此。

7. 把赞美用于鼓励

用赞美来鼓励，能树立起人的自尊心。要一个人经常努力地把事情干好，首要的是激起他的自尊心。有些人因第一次干某种事情，干得不好，你应当怎样说他呢？不管他有多大的毛病，你应该说："第一次有这样的成绩就不错了。"对第一次登台、第一次比赛、第一次写文章、第一次……的人，你这种赞扬会让人深刻地记一辈子。

倾听，另一种动听的语言

倾听是通向对方心灵的捷径，是另一种动听的语言。善于倾听的人往往会因此而拥有非凡的人脉，从而使自己在事业上有着意想不到的收获。

我们总是认为人际场上能说会道的人才是善于交际的人，其实，善于倾听的人才是真正懂得交际的人。会说的，有锋芒毕露的时候，也常有言过其实之嫌，话说多了，称夸夸其谈，油嘴滑舌，说过分了还导致言多必有失，祸从口出。静心倾听就没有这些弊病，倒有兼听则明的好处。注意听，给人的印象是谦虚好学，是专心稳重，诚实可靠。认真听，能减少不成熟的评论，避免不必要的误解。善于倾听的人常常会有意想不到的收获。蒲松龄因为虚心听取路人的述说，记下了许多聊斋故事；唐太宗因为兼听而成明主；齐桓公因为细听而善任管仲；刘玄德因为恭听而鼎足天下。

人际关系专家研究发现，人际关系失败的原因，很多时候不在于你说错了什么，或是应该说什么，而是因为你听得太少，或者不注意倾听所致。比如，别人的话还没有说完，你就抢口强说，讲出些不得要领、不着边际的话；别人的话还没有听清，你就迫不及待地发表自己的见解和意见；对方兴致勃勃地与你说话，你却心荡魂游、目光斜视，手上还在不断拨弄这个那个。有谁愿意与这样的人在一起交谈？有谁喜欢和这样的人做朋友？

人际交往中，专心地听别人讲话，是我们所能给予别人的最大的赞美，因为聆听是世界上最动听的语言。

乔·吉拉德说："有两种力量非常伟大，一是倾听，二是微笑。倾听，你倾听得越久，对方就会越接近你。有些推销员总是喋喋不休，为什么不想想上帝为何给我们两个耳朵一张嘴？我想，意思就是让我们多听少说！"

乔·吉拉德把倾听看得如此重要，因为他从他的客户那里学到了这一道理。乔花了近半个小时才让客户下定决心买车，而后，乔需要让他走进乔的办公室，签下一纸合约达到卖车的目的。

当他们向乔的办公室走去时，客户开始向乔提起他的儿子，因为他儿子就要考进一个有名的大学了。他十分自豪地说："乔，我儿子要当医生。"

"那太棒了。"乔说。当他们继续往前走时，乔却看着其他的推销员。

"乔，我的孩子很聪明吧，"他继续说，"在他还是婴儿时我就发现他相当聪明。"

"成绩非常不错吧？"乔说，仍然望着别处。

"在他们班是最棒的。"那人又说。

"那他高中毕业后打算做什么？"乔问道。

"我告诉过你的，乔，他要到大学学医。"

"那太好了。"乔说。

突然，客户看着他，意识到乔太忽视他所讲的话了。"嗯，乔，"他突然说："我该走了。"就这样他走了。

下班后，乔回到家里想想这一整天的工作，分析他所做成的交易和他失去的交易，并认真考虑白天客户离去的原因。

第二天上午，乔给那人的办公室打个电话说："我是乔·吉拉德，我希望您能来一趟，我想我有一辆好车可以卖给您。"

"哦，世界上最伟大的推销员先生"，他说，"我想让你知道的是我已经从别人那里买了车。"

"是吗？"乔说。

"是的，我从那个欣赏、赞赏我的人那里买的。当我提起我对我的儿子吉米有多骄傲时，他是那么认真地听。"

一会沉默后，他又说："乔，你并没有听我说话，对你来说我儿子吉米成不成为医生并不重要。好，现在让我告诉你，你这个笨蛋，当别人跟你讲他的喜恶时，你得听着，而且必须全神贯注地听。"

顿时，乔终于明白了，这位客户离去的原因。

"先生，如果那就是您没从我这儿买车的原因"，乔说，"那确实是个不错的理由。如果换我，我也不会从那些不认真听我说话的人那儿买东西。那么，十分对不起。然而，现在我希望您能知道我是怎样想的。"

"你怎么想？"他说道。

"我认为您很伟大。我觉得您送儿子上大学是十分明智的。我敢打赌您儿子一定会成为世上最出色的医生。我很抱歉让您觉得我无用，但是您能给我一个赎罪的机会吗？"

"什么机会，乔？"

"有一天，如果您能再来，我一定会向您证明我是一个忠实的听众，我会很乐意那么做。当然，经过昨天的事，您不再来也是无可厚非的。"

3年后，那位客户又来了，乔卖给他一辆车。他不仅买了一辆车，而且也介绍了他许多的同事来买车。后来，乔还卖了辆车给他的儿子——吉米医生。

倾听是一门良好的沟通艺术，如果你想改善自己的聆听能力，让你的倾听成就你成功的人脉，你就应该掌握以下几种技巧：

1. 全心全意聆听

听别人说话时，轻敲手指或频频点脚打拍子，这些小动作最损害谈话者的自尊心。

要全心全意地聆听，就应该设法撇开令你分心的一切，不要理会周围的噪音，忘记你当日要做的所有事情。眼睛要看着对方，点头示意或打手势鼓励对方说下去，借此表示你在用心倾听。

轮到你发言时，你没有必要一直说下去，要学会适可而止，把说话的机会奉还给别人。

2. 协助对方说下去

在别人讲话时，你可以用一些很短的评语或问题来表示你在用心听，即使你只是简短地说："真的？"或"告诉我多一点。"

假如你和一个老朋友吃午饭，他说因为夫妻大吵了一架，他整个星期都睡不好。可是你同大多数人一样怕听别人的私事，你可以说："婚姻生活总是有苦有乐——你吃鱼还是五香牛肉？"你这样说，是间接叫他最好别向人发牢骚。假如你真心关心朋友，就不要浇他一头冷水，不妨说："难怪你睡不好，夫妻吵闹一定令你很难受。"他获得了抒发心中抑郁的机会，心情便会好得多。生活当中很少有人能够自我排解，总需要把自己的烦恼告诉善于聆听的朋友。

3. 要学会听出言外之意

一位生意兴隆的房地产经纪人认为，自己之所以成功，在于不但能细心聆听顾客讲的话，而且能听出他们没讲出来的话。他讲出一幢房屋的价格时，顾客说："哪怕琼楼玉宇也没有什么了不起。"可是说的声音有点犹豫，笑容也有点勉强，那经纪人便知道顾客心目中想买的房子和他所能买得起的显然有差距。

"在你决定之前，"经纪人练达地说，"您不妨多看几幢房子。"结果皆大欢喜。顾客买到了他能买得起的房子，生意成交。

倾听对每个人来说似乎简单易行，但真正能运用好这种技巧的人却是少之又少。如果你希望拓展人脉资源，把自己变成一个很好的谈话对象，可千万别忘了，一定要先从一个好的听众做起。不论任何时候，都要问一些对方乐于回答的问题，鼓励对方敞开心胸、淋漓尽致地吐出心中的话。

幽默，打通人脉的灵丹妙药

幽默是一种富有感染力和人情味的人际交往艺术，是人与人相处的润滑剂，是打通人脉的灵丹妙药。

幽默大师林语堂曾说："豁达的人生观，率直无伪的态度，加上炉火纯青的技巧，再以轻松愉快的方式表达出你的意见，这便是幽默。"

列宁同志说："幽默是一种优美的、健康的品质。"

幽默能够刺激人的创造性思维，因为任何一个笑话都能帮助一个人进行更广阔和富有创造性的思考。

幽默是一种天然的精神兴奋剂。

幽默是精神忧郁症的缓解剂。

幽默更是一门社会交往的艺术，是人与人相处的润滑剂，是打通人脉的灵丹妙药。幽默会使你的人际关系更和谐融洽，获得周围人的钦佩与赞赏，幽默还可以解除尴尬，所以幽默已经成为衡量一个人交际能力大小的标准之一。

一次，有一个从俄亥俄州来的人拜访林肯总统时，正有一队士兵在门外等候林肯训话。

林肯请这位朋友随他外出，并继续和他密谈。但是，当他们行至回廊时，军队齐声欢呼起来。那位朋友这时便应该识趣地退开，但他并没这样做。于是，一位副官走到那人面前，嘱咐他退后几步。他这时才发现自己的失态，窘得满脸通红。但是，林肯却立即微笑说："白兰德先生，你得知道他们也许分辨不出谁是总统呢！"在那难堪的一瞬间，林肯用他的幽默化解了这一窘迫的局面。

从前有一位画商拿着毕加索早期的画作，请求毕加索鉴定是不是他画的。毕加索瞄了一眼，说道："这是一副假画。"画商大吃一惊，支吾地问："这难道不是你画的吗？""是啊！这是我亲自作的假画！"毕加索不慌不忙地说。

其实，每个人都可变得幽默一些，它不是天才、高智商、喜剧演员的专利品。只要你学习让嘴角往上翘，换个新鲜角度欣赏事物，必可找回幽默和学会幽默。

幽默是一种优美、健康的品质，恰到好处的幽默更是智慧的体现，当你掌握了幽默这门社会交往的艺术时，你会发现与人沟通不再是一件难事。

幽默是种特殊的意见，可以让大家打成一片，在人与人之间建立温暖而亲密的关系。幽默也是神奇的灵丹，它甚至可以医治肉体上的创痛。

人们凭借幽默的力量，打碎自己的外壳，主动与人交往。通过幽默，人们能感受到你的坦白、诚恳与善意。严肃的交谈与例行公事般的来往，往往给人一种戴着假面具的感觉，只能让人了解你的外表，却无法探知你的内心，这样的交流是极难深入下去的，因而没有心灵沟通的社交，不能算成功的社交。幽默能够让人们看到你的另一面，一个本真的、人性的、淳朴的一面，这是人性的共同之处。

一次，时任英国首相、陆军总司令的丘吉尔去一个部队视察。天刚下过雨，他在临时搭起的台上演讲完毕下台阶的时候，由于路滑不小心摔了一个跟头。士兵们从未见过自己的总司令摔过跟头，都哈哈大笑起来，陪同的军官惊惶失措，不知如何是好。丘吉尔微微一笑说："这比刚才的一番演说更能鼓舞士兵的斗志。"效果的确如丘吉尔所戏言的，士兵们对总司令的亲切感、认同感油然而生，因此更坚定地听从总司令的命令，去英勇地战斗。还有一次，二战期间，罗斯福去拜见他，共商抵抗法西斯大事。碰巧丘吉尔刚刚从浴室出来，上身没穿衣服，迎面看见罗斯福，四目相对，彼此都感到非常尴尬。然而，瞬间丘吉尔就说："你看，我可是对你毫无保留，袒露一切啊！"随即两人都哈哈大笑起来。

需要强调指出的是，幽默只是手段，并不是目的，不能为幽默而幽默。我们一定要根据具体的题旨语境，适当地选用幽默话语。另外，人的才智有差别，有的善幽默，有的则不善幽默。不善幽默的，就不必强求。否则，故作幽默，只会弄巧成拙。

那么，怎样保证自己能"幽默常在"呢？请你在日常的生活中多做幽默"深呼吸"。

1. 心中充满幽默思想

对生活丧失了信心的人不可能再运用幽默的资本，整天垂头丧气的人也无法品尝幽默的妙用。因此，能够幽默的人首先应该充满对生活的期望和热爱，自信地对己对人，即使身处逆境也应该快乐。

要使自己变得幽默，快乐是幽默的源泉，拥有快乐，不仅可以常给自己幽默，还可以让别人幽默起来。怎样才能保有"快乐"呢？秘诀之一是自娱自乐。这一点每个人都会，但最好不要敷衍了事。心情忧郁时，找点自己愿意做的事，使情绪转向快乐的方向。

2. 收集资料

幽默是可以学习的，因此为了开发自己的幽默资源，就必须先进行资源共享。多读些民间笑话、搞笑小说，多看一些喜剧，多听几段相声，随时随地收集幽默笑话。你可以将幽默、有趣的文章剪贴，并加以分类整理。

幽默来源于两个世界，一个是你真诚的内心世界，一个是生活中现实的客观世界。当你用智慧把两个世界统一起来，并用足够的技巧和创造性的新意去表现你的幽默力量，你就会发现自己置身于趣味的世界中，人际关系由此顺畅起来，成功也就指日可待了。

主动，你已赢得了成功人脉的一半

在人际交往中，主动进攻不仅是一种行为风格，从思想上讲，更是一种主动谋略。你越主动，认识的人越多，公共关系越好，你就越容易成功。

社会是一个以人为主的环境，人的一切活动、交易、成就，都要从人与人的接触中产生。在社会生活中，别人供给你所需，也肯定你的贡献。你存在的价值就建立在他人的回应上。

　　所以，你认识的人愈多、公共关系愈好，就愈容易成功！

　　同时，现实也就注定了你必须主动去营造你的人脉网，主动出击也就意味着你成功了一半，而选择放弃，本来应该属于你的东西你也就不再拥有。

　　人生有些事情，个人是无法选择的。比如，你无法选择自己的父母，无法选择自己的亲戚，也无法选择自己出生的时间和空间等。但是，一个人在长大成人，尤其是经济自立之后，你可以自由选择营造你的人脉网，结交什么样的朋友，构成什么样的人际关系网络。这是我们最大的自由。

　　实际上，许多人都囿于个人生活与工作的狭小范围与具体环境的局限，除了自家人和亲戚关系，还有那么几个同学、同事、朋友和熟人，都是"顺其自然"、被动形成的。许多中年人和老年人大多一直过着"两点一线"的生活，就是几十年如一日只在家庭和工作单位之间来往。如今的青少年可不是以前的老古董了，很是活泼，天南海北到处都是朋友。但作为个人有意识地选择和结交朋友，有意识地建立自己的信誉，经营人际关系的网络，依然寥寥无几，这是营造人脉网的遗憾。

　　我们经常会遇到这样一种场面：在生日宴会上，几个好朋友聚在一起欢天喜地地玩玩闹闹，而旁边会有人只是一声不吭地吃着东西，没有加入到那些人的行列中。这样的人实际上是白白放弃了扩大自己交际圈的好机会。如果能主动争取和别人交流，那就会为自己开拓一个自己不曾了解的崭新世界，也会促进自己的成功。

　　那么，怎样才能和对方良好地交流呢？有这样一句话："对方的态度是自己的镜子。"在日常的人际交往中，有时自己感觉"他好像很讨厌我"，其实这正是自己讨厌对方的征兆。因此，对方也会察觉到你好像不喜欢他，当然两个人就越来越讨厌彼此了。在出现这种情况的时候，自己要主动与对方交流，主动敞开心扉。

　　"对方愿意接近我，我也愿意和他交谈"，"对方如果喜欢我，我也喜欢他"。如果用这种被动的姿态与人交往，那你永远也不会建立起和谐友好的人际关系。要想使自己拥有和谐友好的人际关系，使自己每天的心情都轻松愉快，毋庸置疑，那就应该采取积极主动的态度与人交流。

　　要想营造好的人脉网必须强调主动。一切自卑的、畏首畏尾和犹豫不决的行为，都只能导致人格的萎缩和做人处世的失败。所以，拿破仑说进攻是"使你成为名将和了解战争艺术秘密的唯一方法"。

　　在交际中也是如此，主动进攻，可以使人了解到社会、人生中所具有的意义，也可以说，寻常人生交际，也是一场不流血的、平静温和的战争。因此，主动进攻不仅是一种行为风格，从思想上讲，更是一种主动谋略。

不管你所从事的是什么工作，习惯于守株待兔的人都会被淘汰出局。任何一种事都不能靠等待去完成，抱有这种态度的人最终只会一事无成。只有躬身自省、主动做事，才有成功的可能。

虽然，道理是这样，但也避免不了人们心里对主动交往有很多误解。比如，有的人会认为"先同别人打招呼，显得自己没有身份"，"我这样麻烦别人，人家肯定反感我"，"我又没有和他打过交道，怎么会帮我的忙呢"，等等。其实，这些都是害人不浅的误解，没有任何可靠的事实能证明其正确性。但是，这些观念却实实在在地阻碍着人们，阻碍了人们在交往中采取主动的方式，从而失去了很多结识别人、发展友谊的机会。

当你因为某种担心而不敢主动同别人交往时，最好去实践一下，用事实去证明你的担心是多余的。不断的尝试，会积累你成功的经验，增强你的自信心，使你在工作场合的人际关系状况愈来愈好。

在谈话中，如果控制话题的主动权，你的压力就会缓和下来。但是，要是主动权落入他人手中，受制于人的情况下，谈话便不会像你希望的那样顺利进展。如果对方不怀好意，存心问些尖锐敏感的问题，你更是一味陷于挨打的局势了。此时，人们大都苦思如何回答问题，殊不知，这样一来，正中了对方的陷阱。

其实，这时恰是你反击的时候。你无须正面回答对方的问题，相反可以提出相关的问题，反过去征询对方的意见。善于社交的高手，大都擅长使用这种"转话法"，以确保谈话时的主导权。

除了变被动为主动外，人在谈话时难免失言。不管说错了什么话，即使是无伤大雅的事，一旦失言，第一个反应就是慌乱，告诉自己"完蛋了"，瞬时热血直往脑门上冲，说话就更加语无伦次。这种情况，千万不能慌，要变被动为主动。

"你好"是个最普通的词，相错而过的车船上，人们可以彼此喊一声："你好"便再也不相遇。萍水相逢的人，可以因为喊一声"你好"，而从此相识。

拥有丰富多彩的人际关系是每一个现代人的需要。可是，现实生活中，很多人的这种需要都没有得到实现。他们总是慨叹世界上缺少真情，缺少帮助，缺少爱，那种强烈的孤独感困扰着他们，使他们痛苦不已。其实，很多人之所以缺少朋友，是因为他们在人际交往中总是采取消极的、被动的退缩方式，总是期待友谊从天而降。

第六章

家庭：幸福生活的港湾

　　家庭是个人幸福的源泉，也是社会构成的根本要素。我们最重要的"成功"，是在家庭中取得的成功。好好经营一个温馨家庭，让它成为你幸福生活的港湾，成为你事业成功的坚强后盾。

第一节　读懂并呵护彼此的爱

爱就是理解

　　泰戈尔说:"爱,是理解的别名。"夫妻之间需要理解。爱是以理解为基础的,只有真正的理解,才会有真诚的爱。

　　理解是人际关系的核心,人与人之间都需要理解,当别人理解了自己,将感到极大的欣慰。那么,夫妻之间要不要互相理解呢?按泰戈尔说的"爱,是理解的别名"来看,夫妻之间也是需要理解的。爱是以理解为基础的。只有真正的理解,才会有真诚的爱。

　　小杨毕业后分配到某机关工作。他所在的机关的事实使他看到,乖巧机灵者吃香,老实憨厚者吃亏,吹吹拍拍者升官,正正派派的无人问津。他虽然有所进取,可他刚直的秉性和积极做人的良知,约束他不去迎合那些腐朽的观念,而要做一个不卑不亢、埋头苦干的老实人。正因为如此,他吃了苦头。同他一起来的和后来的,有的入了党,有的提拔为科长。因为他有自己做人的宗旨,这一切,他并不往心里去。可是,他的妻子却不理解他,说他:"人家都提拔了,入党了,就剩下你一个人,啥也不是,不感到窝囊吗?"一次节日,收音机里播送着优美的音乐,他情不自禁地随着唱起来。妻子这时又对他说:"连个科长都没当上,还挺乐呵呢,真不知道愁!"一句话,打消了他的快乐情绪。

　　这样的事,在他们夫妻之间经常发生,妻子刺激的话,小杨经常听。他感到,他与她之间的爱是苦涩的。

　　看来,小杨的爱人,很不了解自己的丈夫。她对丈夫的理想、追求和他的品行、情操以及为人,都是那么生疏,真可谓缺乏共同的语言。夫妻间应该是互相了解的,是知音。只有你了解了对方,才能对其体贴、关怀,并辅佐其上进。如果那位妻子,了解丈夫做人的品行,理解丈夫的追求,他就不会羡慕什么科长，而是安慰丈夫做一个正直的人。只有夫妻间的理解，才会换来夫妻间更加深沉的爱。

我们这里所说的了解，不单是指了解爱人的一般情况，而是指对爱人的内心世界的感知。因为，人的行动是受思想支配的。你了解了爱人的思想，才能理解他（她）的行动。

法国著名微生物学家路·巴斯德，在他27岁时，写信给洛郎先生，向他女儿玛丽小姐求婚。他在信里坦率地说：他家境贫寒，没有财富，自己算是一个穷汉。同时，他还给玛丽小姐写了一封求爱信，也说明自己很穷，并说："小姐，我要请求您，不要判断得太快。判断得太快是会犯错误的……"3个月后，巴斯德如愿以偿，和玛丽小姐结婚了。

结婚后，巴斯德夜以继日地工作着，从事许多奇异的、似乎愚蠢的试验。巴斯德夫人，整夜地等候着，惊异着……

巴斯德确实很穷，工作条件很差，没有助手，连一个洗瓶子的人都没有。巴斯德夫人总是在他的身旁。每晚，她坐在直背椅上，身靠小桌，为他记录科学论文……

巴斯德夫人的一切，使巴斯德深深感动，当他问及夫人，同他结婚是不是苦了她，她是不是后悔时，他夫人回答说："结婚前你已经告诉我这一切，我现在更了解了你的一切。"

了解，使巴斯德夫人理解了她丈夫的一切行动。渐渐地，他学会了摘记巴斯德记事簿里的潦草的速记，并整理成文。很快，她的生命也逐渐融入他的工作里去了。

巴斯德结婚后，没有给妻子带来更多的体贴、恩爱和富足，但是，他的夫人对他却那样忠诚，毫无怨言，感到生活是幸福的，这是因为，他知道他虽然不富足，可是他有一个宏伟的理想：他为"成为牛顿或者伽利略"而劳动。他这种对丈夫的深刻的了解，使他才真正理解了巴斯德。

理解爱人还要学会体谅爱人，体谅是一种特殊美德。失去这种美德，人与人之间就会互不相让，如一盘散沙，没有合作的力量，将一事无成。可以这么说，没有体谅的美德，历史就不会发展，社会就不会进步，人类就不会有今天。因此，人与人之间，邻里之间，领导与下属之间，夫妻之间都需要互相体谅。

有一对夫妻，妻子当上了经理以后，每天都是早上班，晚下班，有时连星期天也不休息。自然，大部分家务活都落在了丈夫头上。一次，妻子对丈夫说："你看，我这一当经理，把你累坏了，以后，我尽量早回来做饭。"丈夫说:"我知道,你担负经理一职,想把工作干好,家务事我多干一些,完全可以,你不必挂心。等你工作熟悉了,再多干些家务。"妻子听了非常感动,忙说:"你真能体谅人,这样支持我的工作,我一定会把工作做好。"

丈夫这样体谅妻子,就是因为他很理解妻子刚当上经理想把工作做好的心情。

当前,在社会的经济改革中,有一大批"女强人"出现,她们当上了经理、厂长……担子都不轻。她们的愿望是把工作干好,在改革中争取自己的独立人格,同时实现自身的价值。这一部分"女强人",很需要丈夫的理解、体谅和支持。她们说:"我们的事业,只有有了丈夫的理解和支持,才会做出成绩。"这话是不无道理的。

在现实生活中,不理解丈夫的妻子也大有人在。他们只是一味追求家庭幸福、夫妻美满,沉醉于卿卿我我的夫妻生活中,对丈夫一心想干好事业的思想不怎么理解,对丈夫的兢兢业业为事业操劳的行动不理解,埋怨丈夫回家晚,埋怨丈夫不知道买家具,甚至同丈夫吵架,不体谅丈夫,使丈夫的精力不能集中。做妻子的要知道,一些丈夫所以那么钟爱自己的妻子,就是因为他感到妻子很理解自己,体谅自己,支持自己。有的丈夫说:"最了解我的是妻子,最支持我的也是妻子。"

作为妻子,如想得到丈夫的爱,首先就得理解他,体谅他并且支持他。

生活中,不管是男人还是女人,都不容易。男人以事业为重,成天要在外拼,现在的社会,竞争残酷,压力大,稍不留神,就会被人挤下来,就会前功尽弃,就会一败涂地。因此做妻子的要理解,要宽容,要容忍他们的懒惰,容忍他们的不解风情。当然男人要适可而止。女人就更不容易了,除了每天和男人一样在外面工作,承受压力外,还要顾家,还要管孩子。一日三餐要做,大人小孩的衣服要洗,孩子的功课要辅导,屋里屋外要打扫,要收拾,其中滋味,非男人所能体会,其身心劳累,非男人所能比及。做丈夫的应该看到这点,不要熟视无睹,不要认为理所当然,要多帮妻子干家务,要适时地给以温柔的言语,温暖那颗疲惫的心,要爱惜自己的妻子,要让她尽可能地开心。女人一开心,全家就开心。这难道不是一个家庭所需要的吗?男人们,为了让家庭充满笑声,为了让家庭和和睦睦,请疼爱自己的妻子吧,你一份付出,会得到十倍的回报。

总之,夫妻之间要互相理解,要了解对方,关心对方并且支持对方。只有这样,双方才能享受一份真诚的爱,才能赢得家庭的幸福和快乐。

爱就是宽容

　　宽容可以使我们重燃爱恋之火，能使我们坦诚地付出并接受彼此的爱。夫妻生活中有宽容才更能体现爱的真挚。

　　如果你想彻底敞开彼此间的心扉，想享受终生的爱，那么你必须掌握一个最重要的技巧，那就是宽恕。原谅你伴侣的错误，不仅可以使你继续去爱你的伴侣，也可以使你原谅自己身上那些不尽完美之处。

　　如果在婚姻关系上不能做到宽恕，那么爱恋之情在婚姻关系存续期间就会受到程度不同的限制。我们可以仍然去爱自己的伴侣，但那爱将不那么炽烈了。如果夫妻双方只有一个人的心理产生阻塞，那么它对夫妻两人的关系的影响会小得多。宽恕的意义就在于摆脱对婚姻关系的伤害。

　　宽恕可以使我们重燃爱恋之火，能使我们坦诚地付出并接受彼此的爱。闭锁的心灵是无法付出爱也无法接受爱的。

　　对于深爱的人，当你不能原谅他时，你承受的痛也就愈大。

　　许多人由于不能原谅自己的爱人，那种痛苦的折磨甚至会使他们自杀。我们所能感受到的痛苦中，最大者莫过于不能去爱我们所爱的人。

　　这种痛苦的折磨会使人发疯，会使人丧失理智地采取暴力行为。正是这种欲爱不能的痛苦，使许多人一步步走向了堕落、颓废和暴戾。

　　我们之所以陷于痛苦和怨恨而不能自拔，其原因不在于不能去爱，而在于不能去宽恕别人。如果我们没有爱恋之心，那么不再爱一个人丝毫不会感到痛苦。爱恋之心愈深，不能宽恕恋人所带来的痛苦也愈重。

　　两个人在一起生活久了就难免会磕磕碰碰，因此，日常生活琐碎细节中的宽容和体贴才更能体现爱的真挚。生活本来就是平淡的，在激情渐渐退去的时候，填充而来的便是更实际的生活。在平淡的生活中，应该真诚地、细心地对待彼此，共同珍惜和维护彼此的感情。在相互的交流中，彼此宽容地看待对方的不足，真诚地指出和帮助对方改正。你珍惜一分，他也会珍惜一分，甚至更多。这样的爱情才是美好和长久的。

　　有这么一对夫妇，他们婚前感情很好，恩爱有加，可结婚不久便开始出现矛盾。妻子埋怨丈夫身上的缺点越来越多，总是一身酒味地半夜而归，对自己也不像从前那样疼爱。丈夫每天忙于工作应酬，希望回家后得到休息和温存，可是妻子总是喋喋不休地埋怨，也不再温柔。

最后，夫妻二人只得决定坐下来好好谈谈了。

妻子说："你有多久没有回家吃晚饭了？"

丈夫说："你有多久没有起床做早饭了？"

妻子说："你不回家陪我吃晚饭，我有多寂寞啊。"

丈夫说："你不给我做早饭吃，你知道上午工作时我多没有精神。老板已经批评我好几回了。"

"早饭你可以自己弄啊，每天回来那么晚吵我睡觉，我怎么能起得来。你可以不回来陪我吃晚饭，我就可以不给你做早饭。"妻子不高兴地说。

"你知道我一天上班有多辛苦，压力有多大。一个晚饭，自己吃怎么了，难道你还是孩子，要我喂你不成？"丈夫也没好气地说。

妻子接着抱怨说："你总是喝得烂醉而归，有多久没有给我买花，多久没有帮我做家务了……"

丈夫也不甘示弱地说："你知道你做的饭有多难吃，洗的衣服也不是很干净，花钱像流水，有多久没有去看我的父母了……"

就这样，夫妻二人你一句我一句地互不相让，最后竟翻出了结婚证要去离婚。

在去街道办事处的路上，他们遇见了一对老夫妇正相互搀扶慢慢走着，老妇人不时掏出手帕给老公公擦额头上的汗，老公公怕老婆婆累，自己提着一大兜菜。这对年轻夫妇看到这个情景，想起了结婚时的誓言："执子之手，与子偕老。休戚与共，相互包容。"可是现在竟然……

于是他们开始互相检讨。

丈夫说："亲爱的，我真的很想回家陪你吃饭，可是我实在是工作太忙，常常应酬，并不是忽略你啊。"

妻子不好意思地说："老公，我也不对，不应该那么小气，你在外工作挣钱不容易，早上我不应该赖床不起的。"

"早饭我可以自己热，每天回家那么晚一定吵你睡不好觉，你应该多睡会儿的。"丈夫忙说，"刚才在家我不应该那么凶的和你说话，我知道自己身上有很多毛病……"

妻子也忙检讨自己……

就这样，一场草率而起的离婚风波轻轻地被平息了。自此之后，他们变得彼此宽容忍让，互敬互爱，并处处为对方着想，婚姻生活也因此而幸福美满。

追求婚姻幸福，是每对夫妻心中的愿望，可是现实中，夫妻双方的差异，都在阻碍着达到和谐幸福的目标。处理好两性差异，需要夫妻双方的共同努力。要记住的是，你无法去改变别人，你只能改变自己。而在这一方面，做妻子的要多做出一点努力，因为不可否认的是，在婚姻中往往是妻子对丈夫提出的要求更多些。妻子要从以下几个方面，对丈夫多包容、体谅。

（1）在男人心目中工作和事业第一，这也是他们建立个人形象和体现人生价值的主要途径，而不仅仅是为了谋生。丈夫希望妻子谅解他对工作的过度投入，别经常埋怨他因工作或跟工作有关的应酬冷落了自己。

（2）钱财对男人来说，除了可提供安定、富足的生活外，也是权力的一种象征。因此，购买较为贵重的物品，大多数丈夫都希望妻子能事先跟他们商量一下，尊重他们的意见。

（3）并非每个男人都能言善辩、细心体贴，有些男人口气太冲，给妻子凶巴巴之感，其实这正可能是出于他的关心。因此，女性应多留意丈夫如何做，而不必太计较他如何说。

（4）在男性的潜意识中有着一种儿童心理。他们会对某些活动，如踢足球、钓鱼、摄影、音响等沉迷极深，从中获得精神上的松弛。一般而言，这对他们减轻工作压力是有帮助的。只是沉迷时，会经常忽略妻子，千万别以为这是丈夫"移情"了。

（5）妻子通常不喜欢自己的丈夫顾盼其他女性。其实，男性爱看美丽的女性，纯粹是心理上的一种本能反应。

（6）几乎所有的男性婚后都喜欢跟婚前的旧朋友继续交往，丈夫不想让妻子过分地限制他跟同性朋友的来往。

美满的婚姻可遇也可求，夫妻间的差异是存在的也是能超越的，重要的是加强了解，只有了解，才能体谅与宽容，也只有体谅宽容，才是夫妻间真正的爱，才能为家庭创造和谐与幸福。

爱需要不断更新

爱情会发生变化，特别是在不断变化和发展的现代社会中。为此，我们必须学会不断更新我们的爱情，让我们的爱情保持永恒的美满与幸福。更新你的爱情，这是不以人们的意志为转移的规律，不论你的爱情如何美满幸福，也不能没有更新的问题。

爱情会变化，这是不争的事实。夫妻间永恒的吸引力是不存在的，一纸结婚证书，只能在法律上确立两个人的夫妻关系，并不能保障两人感情永远融合并白头偕老。

强和珊本是幸福的一对。珊长得漂亮，身材苗条，能说会道，更善于持家；强长得很帅，精明强干，在单位里是人人夸的好手，他俩又是经过热恋后结婚的。可是，婚后几年的生活，珊失望了，说什么："早知道这样，还不如不结婚，当姑娘比做妻子有意思多了。"

女友问珊："为什么这样说？"珊说："他好像对我并不感兴趣。他变得对我粗暴、无理，还有时根本不理我。在这个家里，我真感到气闷。他变了，我可怎么好……"说着话，要掉下眼泪，真是十分委屈。

又过了半年，他们真的离异了。

夫妻间的爱情为什么会发生变化？这存在着两方面的原因。一是内部原因，婚后男女双方有一个互相了解的过程，由婚前不太了解到婚后的真正了解。这个了解就影响了爱情的变化。二是社会原因，爱情是在社会上发生的，所以，它也受社会发展、变化的制约和影响。特别是现在社会的不断变化发展，都直接冲击着每对夫妻的感情。因此，我们要善于应变，在社会变革和发展中驾驭自己的爱情，而这就要求我们学会不断更新我们的爱情。

这里所说的爱情更新，当然是指向好的方面变化。夫妻间的吸引力，应该来自双方内在因素的不断协调，来自爱情的精神化。有的夫妻婚后不久，对生活乏味了，认为结婚是爱情的坟墓，是爱情的结束。小夫妻之间，婚后生活乏味的变化，不是个别现象。原因就在于，认为结婚以后爱情的高潮已经过去，未来将是平淡、无味的。所以，爱情的发展，从初级阶段走向高级阶段，仍需新婚夫妻做出巨大的努力。夫妻生活要和谐、美满，以致白头偕老，结婚只是打下了初步基础。

要使夫妻双方都感到幸福的力量，首先要认识到结婚的意义并不在于仅仅求得生理上的满足，物质上的享受，更重要的是精神的协调，事业进取心的培养，在对理想追求的道路上，共同一致的奋斗精神。贝多芬说过："没有爱情的肉体结合，这是连动物也会做的。"我们认为，夫妻二人应该是"两颗动了爱情的心，对人生、对幸福、对自己都抱着无穷的信心，都抱着无尽的希望"。我们说，对精神生活的追求，是无止境的，也是充满乐趣的。所以，爱情的更新，也是对人充满吸引力的。邓颖超同志讲过一段很精辟的话："两性的恋爱，它的来源须得要基于纯洁的友爱，美的感情的浓厚，个性的接近，互相的了解，思想的融洽，人生观的一致。"她还说："两性间要有共同的'学'与'业'来维系移动的爱情，以期永远。"这真诚的嘱咐，应是爱情更新的主题歌。

夫妻间生活内容的不断更新，增添新的乐趣，也是爱情更新的一个方面。妻子感情一般说来比较细腻，丈夫在这个方面则需要做出更大的努力。要经常想想，为了丰富家庭生活，充实夫妻间的感情，必须要做到的是什么？比如说，夫妻间除了一般的家庭生活以外，能不能增加一些新的项目，共同参加一些体育活动，搞一点生活科学知识的剪报以及搞点社会调查等。通过这些活动的内容，使夫妻间爱情的火花闪烁不息。其实，也不需要哪一方做出更大的牺牲，更不要花费大量的金钱来换取，而精神则是无价之宝。那就是，丈夫应该使妻子感到温存、和睦和恩爱的力量。任何一方，都会感到对方有着无穷无尽的生命力和追求的精神。以幸福的感情牵动对方对幸福往事的回忆，以追求的力量激起心中对未来生活希望的浪花。有了这种感情，夫妻就是身处千难万险之中，也会以爱的力量，冲破阻力，不断向前。

来点温柔的谎言

我们可以对陌生人说些言不由衷的"谎话"，那么，为什么不肯把它也送给自己心爱的人呢？有时候男女双方感情的呵护，也不得不靠一些温柔而善意的谎言。

一位心理医生给几位男青年做了一个有趣的试验：如果妻子过生日，你突然有事，不能按时赶到，事后你们怎样向妻子解释才能获得最佳效果？

大部分小伙子说，向妻子说明真相，使她相信自己被一件重要的事情耽误了，以求得她的理解和谅解。

只有一个人说："我绝不能向妻子讲真情，我无论怎样解释，那欢乐的气氛和心情的丧失是无法弥补的。我会追去告诉妻子：下班前我收到一个稿费汇单，于是我想把稿费取出，买一件妻子喜欢的礼物。可是不巧邮局那天特别忙，我一直排到邮局关门才取到了钱。这时商店也都关门了，礼物也没买成。那么我把稿费交给妻子，让她第二天自己去买。这样，妻子一定会很高兴，她会说我的心意就是最好的礼物。其实那笔钱不是什么稿费，而是从我的'小金库'中调出的。"

纽约的精神病学家亚黑山德拉·西塞蒙兹博士说："撒谎有时候是善意的，比如说，'你还和以前一样漂亮'，实际上就是向对方表明了自己的爱与忠实。"

有时候说一点谎话可以避免一场无谓的争吵。比如有位女性坦诚地说："我也许不想看网球赛实况转播，但如果他想看，我就说自己也喜欢。让他高兴对我来说很重要。"

如果想让对方高兴而说一些谎话并不是坏事，但也不能走得太远。比如，妻子过生日时，丈夫送了一个食品加工器作为生日礼物，妻子心里肯定不高兴，这时候如果还说："这正是我喜欢的东西！"就不能算是诚实了。如果她当时不愿意说什么，过一两天后又委婉地向她丈夫说明自己的真实想法：谢谢你的礼物，但以后过生日时，我更希望收到能属于个人的礼物。

某些时候为了不让对方担忧我们也会故意隐瞒某些事实。一些男人不向妻子讲述某些事情，是因为他们认为妻子知道后会放心不下。而妻子则不这么看，她们认为这是不信任的表现。

比如，一个珠宝老板由于自身的错误而造成了重大损失，而后又借高息贷款使家庭保持以前的消费水平。后来，他终于还清了贷款。可他一直瞒着自己的妻子，当妻子得知这一切时非常生气，她说："我们可以削减开支，我宁愿吃腌菜也不会同意冒险去借高息贷款。"

女性有时候也会说一些保护性的谎话。在说这类谎话时要特别留心，因为自己的好意通过说谎的方式表现出来很容易被人误解。比如，丈夫连续几天在公司加班，晚上很晚才能回家，妻子很为丈夫的身体担心。因此，有一天做完晚饭后便打电话谎称家中有急事要他马上回来。当丈夫回到家，发现只是让自己吃饭时很不高兴，二话没说就回公司去了。

不少女性承认自己有时候撒谎是想为自己"赢得"一点时间。"如果周末原计划的业务活动取消了，我也会照常外出，去商店或公园闲逛。如果我丈夫发现了，他就会很不高兴：'你为什么不愿意回家同我待在一起？'"有位女士如是说。

妻子这样撒谎不利于夫妻关系的健康发展。许多人是在根本不必要的情况下撒谎的，因而失去了许多本可以同爱人增进了解的机会。如果能把自己的想法坦诚地告诉丈夫，丈夫或许会逐渐理解妻子需要一些自由支配的时间。

我们常常对陌生人说谎，比如，在刚开始投入一份新的工作时，老板问起感觉如何，我们多半会笑笑说："还不错。"当时说什么也不会告诉他压力很大，或是"真担心永远学不来"之类的实在话。我们把实话全部带回家，再一股脑儿地倒给我们所爱的人。

我们对那些陌生人说的言不由衷的"谎话"，为什么不肯送给自己所爱的人呢？赏识的意思是增加价值感。增加爱侣的价值感就是靠对他赞美、对他恭维、对他赏识。

记住一点，你的爱对他来说，多少是一种自我价值的标志。尽力使自己变成一个令他无法或缺的人，如此，你便会成为对方心目中最值得依附眷恋的人了。

"哄"，让夫妻关系更融洽

"哄"是夫妻恩爱的一字诀。"哄"是感情的润滑剂，既能防锈，又能减少摩擦，降低噪音，减少耗损。"哄"能让你的家庭生活更愉快，夫妻关系更融洽。

"哄"字常和"骗"字连在一起用，似乎就成了一个贬义词。其实，"哄"字还真是个好字眼，家庭生活就离不开这个"哄"字。

生活中我们"哄"的最多的可能是小孩子，但并非只有孩子才需要"哄"，大人也一样，特别是女人，有时比小孩子更要人"哄"。因此，做丈夫的应该学会"哄"妻子，并且要"哄"得得体而有技巧。

下面一段真实的"夫妻对白"正体现了生活中"哄"的好处。

妻子哭着对丈夫说："又要出差，好，我不拦你。你把你的宝贝儿子抱着一起出差去！你倒轻松，屁股拍拍，走了！把家里的事扔给了我！我受够了！你一年到头不在家，家里什么也不管，让我母兼父职，既当娘来又当爹。我这是有男人还是没有男人？别人为什么不必这样？就你一个人受器重？我好命苦，谁知道我好命苦啊！"

丈夫说："乖，求求你，别哭了，我的好太太。你的苦，我都知道。我常对人说，我有个好妻子，别人没得比，谁的妻子有你那么贤惠，那么漂亮，那么温柔，那么洁身自爱！"

妻子："喂！别给我灌迷汤，想把我灌糊涂了，你好走人？"

丈夫："我发誓！我要是骗你，罚我四条腿在地上爬，就这样爬，这样爬……"

妻子终于破涕为笑。

　　丈夫："我这回出差，给你带一条巴黎绸的长裙，保证让所有的女人看了都眼红，既羡慕又嫉妒！"

　　妻子："要粉红色带金线的。"

　　丈夫："没问题。"

　　妻子："冰箱里那几个苹果带着路上吃。少喝酒，少抽烟！"

　　这就是最高级的"哄"。

　　夫妻相处，就是需要把"哄"当润滑剂。一"哄"值千金，也许只有那些尝到了甜头的丈夫们，才会真正明白其中的奥秘。

　　一位年轻编辑随着几本畅销书的策划、编撰，已在全国小有名气。事业正如日中天，只是稍不注意，就冷落了带着孩子的爱妻。

　　早过晚餐时间了，他才回家。妻子自然不高兴，话也就越说越气："你到现在才回来，你以为这是旅馆啊？再说了，旅馆还有个'旅客须知'，制度也挺严的。你倒好，甩手一身轻，把做饭、带孩子都推给我！别忘了，我要的是丈夫！要当主编你就别再进这个家门！"

　　"主编"先生没生气，而是上前抱住妻子，温和地说，"别生气，亲爱的。我办出版公司是你同意了的呀。再说，我拼上命去干，还不是为你和孩子？我知道你很爱我、关心我，也想让我时时跟在你身边，陪你去公园、跳舞、看电影，我又何尝不想呢？我实在是太忙了。好了，好了，你的火也发了，该消消气儿了。星期天，我就陪你和孩子去划船、坐碰碰车、请你们吃自助餐！好不好？对了，今天晚上，我还要好好爱爱你，你说行吗……"

　　这时，妻子转怒为笑。她故意推丈夫的手，娇嗔地说："你呀！真拿你没办法！"

　　的确，"哄"是夫妻恩爱的一字诀。"哄"是感情的润滑剂，既能防锈，又能减少摩擦，降低噪音，减少耗损。学一学"哄"的艺术吧！它会让你的家庭生活更愉快，夫妻关系更融洽。

第二节 开创双赢的和谐沟通渠道

实现双赢的夫妻沟通艺术

在社交艺术中，有一条经验为：沉默是金。而家庭内，特别是夫妻间，如果"不苟言笑"，或感到"无话可说"，那你就得警惕了：两个人的关系是不是出现了危机？夫妻两人应该是心心相通的，平时应多多相互沟通，把自己想说的话告诉对方，那么两个人会更加亲密。

婚姻使处于两个不同家庭中的男女走到一起，开始了后半生的生活，这就意味着在认识、结婚以前，你和你的爱人都已经有了自己的生活经历，都已经形成了自己的人生观、价值观。你们为了爱、为了家庭走到了一起，如果在婚后不能及时地进行更深、更全面的了解与沟通，要想幸福是无法想象的。

在社交艺术中，有一条经验为：沉默是金。而家庭内，特别是夫妻间，如果"不苟言笑"，或感到"无话可说"，那你就得警惕了：两个人的关系是不是出现了危机。夫妻两人应该是心心相通的，平时应多多相互沟通，把自己想说的话告诉对方，那么两个人会更加亲密。

然而，沟通并不是你想象的那般容易，良好的沟通可以使夫妻建立起信任、理解，使彼此更加亲密。而那些缺乏艺术的沟通，却往往会得到适得其反的效果。

夫妻间的沟通确实是一门大学问，要实现双赢的夫妻沟通，非掌握一定的沟通技巧不可。

1. 沟通什么

(1) 说得多，不如说得好。谈到沟通，不少人误以为必须把心里的想法和感受全部讲出来。其实夫妻双方必须过滤说话的内容，对伤害夫妻关系的内容就不要说。

夫妻相处长了，对于配偶的好恶应该有一定程度的了解，某些话题是对方的禁忌，就别再去碰这个话题。如果丈夫的学历不高，对有关学历的谈话比较敏感，做妻子的就不要以此为话题，以避免伤到丈夫的自尊。

(2)完全坦白，不如留有余地。常见的婚姻误区是：夫妻之间必须绝对地坦白，不可有个人隐私，说话毫无保留，结果却使得对方产生负面情绪，负面情绪累积多了，将不利于婚姻关系。

例如，妻子说："我今天遇到你以前交往过的陈小姐，她还是那样的迷人。"丈夫说："她就是很迷人，像她这样的女性不多，我想很多男性都会喜欢她。"这位丈夫很坦诚地把他的想法讲出来，有可能会让妻子怀疑他仍旧怀念着旧情人，将使夫妻关系蒙上阴影。

2. 何时沟通

许多人只顾自己的情绪，一吐为快，却忽视了听者是否听得进去。当一个人心中郁闷的时候，将不再有心思去倾听配偶的诉说，反过来也会使诉说者因不受重视而心生不满。所以夫妻双方相互沟通之际，最好选择双方心平气和的时候，才能产生好的结果。

3. 如何沟通

(1)倾听比说更重要。在沟通时，许多人往往急着表达自己的意见，忽视了对方在说什么，而各说各的，使沟通效果大打折扣。倾听是指站在对方的立场上，用心去了解对方所表达的意思。不只包含听到对方说什么，还要理解对方话语里蕴含的意义，注意到其手势、表情、声调、身体语言，当对方心口不一时，往往可从中感到真正的含意。然后对于所听到、观察到的，给予适当而简短的反应。

例如："原来如此……"，"是……"以及点头，让对方知道你正在听，也会让对方感受到被尊重。

(2)接纳。不论你听到什么，不管对方的表达内容是对是错，先别急着辩驳或去指正，试着去承认对方真的有此感受，才能够使他愿意放下防卫，弱化个人的坚持，进而聆听你所说的话。认可对方并非代表同意对方的观点，只是表示你能够体会到他的个人感受。

假若你的他表示："我受够了你老是对我挑三拣四。"若你回答："我不是挑剔你，只不过是想要告诉你如何正确地保持干净罢了！"这一番听起来无伤大雅的话，可能会引来一次争吵，因为这句话否定了另一半的实际感受。若能认可对方的感受而回答："我看得出来我的唠叨、挑剔令你心情不好，真的很抱歉让你这么难受。"另一半唯有感到你接纳他之后，才会愿意聆听你的心声。另外，通过观察另一半传达的信息及其背后的真正用意及深为愁苦的烦恼，才能逐渐接纳对方。

（3）澄清。学习在沟通过程中给对方反馈，将你所听到地告诉他"你的意思是……"，"你是说……吗？"可避免因听错而产生不必要的误会。

（4）运用"我信息"。许多人常喜欢用"你信息"来沟通："你不准这样……"，"你难道不能……"，"你以为家里只有你一个人吗？"这容易让对方感受威胁，而引起反抗心理，或者激怒对方而引发矛盾。

若运用"我信息"，以我开头，"我觉得……"，"因为……我"则较无攻击性，让听者有较大的心理空间来思考你所说的话，而且用"我"开头，表示说话者自己负起这次沟通的责任。若用"你"来叙述，则把过错丢给听者，容易激起听者的负面情绪。

例如，"我很难过，因为我原本以为我们早就约好今天要一起吃饭的。"就比"你每次都说要忙公司的事情，到底是公事重要还是我重要！"让对方更清楚地了解你的感受，而不是遭受单纯的指责而已。

（5）表里如一的沟通。当你内在的想法与表达出来的信息一致时，一方面可能让你照顾到自己内在的需求，不会委屈、压抑或有戴面具的感觉；另一方面让配偶知道你到底要什么，才能重视你的问题。这样的沟通，才能顾及双方感受。例如，有些配偶表面上回答："没关系、都可以、看你想怎么做。"实际上内心另有其他想法。

（6）具体化。说话者要尽可能把自己的感受与期待明确地表达出来，简单、具体、明确，能让对方清楚你要表达的重点。

每个人的内在状态有如水面下的冰山，不容易让别人了解，除非你愿意表达出来，告诉配偶你的感受、观点、期待、渴望与需求，才能让配偶了解你的内在状态。

许多人习惯于表达看法，但只停留在表面的事件讨论及解决问题，很少把真正的感受表达出来，而表达感受却是让对方了解你的重点所在。

（7）多用正向的语意。例如，"记得把用过的杯子拿到厨房放好"，将比"每次喝完开水，杯子总是乱放"这样的指责来得好。

（8）不可用威胁、羞辱等伤害性或批评性的言语。沟通目的是希望自己的信息能被尊重与接纳，如果用具有伤害性或批评性的方式来传达，对方会产生巨大的防卫心理，可能会引起对方的负面情绪，这样会让双方陷入情绪化的互动中，失去沟通的目的。

（9）别陷入是非对错之争。沟通目的在于交换信息以解决问题，增进了解或促进关系。但是夫妻沟通时，常把注意力放在谁是谁非上，意见的沟通变成意气之争，沟通时若不能对事不对人，则容易造成彼此的伤害。而沟通时无法就事论事，主要是受到思维方式的影响。

（10）欣赏与鼓励、包容与谅解。增进两人的情意，随时为两人的情感亲密度加温的沟通，可为夫妻之间的和谐美满打下深厚的基础。

为了维护良好的婚姻关系，夫妻双方必须有能力做清楚有效的沟通，而沟通是需要学习的，如何通过沟通化解因男女差异而产生的矛盾是很重要的。

记住，沟通时，要听听对方内心的期待与渴望，用"我相信"当成开头，不论对错先别急着辩驳，试着了解对方的感受，告诉对方你听到了什么，避免彼此产生不必要的误解，想想沟通的目的何在，从而创造双赢的夫妻沟通。

当然在沟通方面，由于男女思维方式上的差异，在语言的表达上，有人将男女的差异比作水牛与蝴蝶。根据统计，男人用语言来表达客观事实与资料，女人除了用语言表达客观事实与资料之外，还用它来表达思想与情感，女人对语言的使用有天然的优势，但是男人就不太喜欢使用言语表达思想与情感，他们需要某种程度的训练才能勉强表达。有时，谈话本身也是妻子在婚姻中需要得到满足的一项重要需求，有时候她只不过想和丈夫说说话而已，但是，做丈夫的切莫仅仅认为沟通不过是说说话而已，其实里面大有学问。

4.丈夫常用的沟通技巧

（1）常常回忆恋爱时两人在一起谈话的情形，在婚后仍然需要表现出同样程度的爱意，尤其要将你的感受表达出来。

（2）女人特别需要跟她认为深深关怀呵护她的人谈话，以表达她对事物的关切与兴趣。

（3）每周有15个小时与另一半单独相处，试着将这段时间安排得有规律，成为一种生活习惯。

（4）多数女人当初是因为男人能挪出时间与她交换心里的想法与情感，才爱上他的。如果能保有这样的态度与心意，继续满足她的需求，她的爱就不会褪色。

（5）如果你认为抽不出时间单独谈话，多半是因为你们在安排事情的轻重缓急上有问题，同时在设定的谈话时间里，最好不讨论家庭的经济问题。

（6）不可以利用交谈作为处罚对方的方式（冷嘲热讽、称名道姓、恶语相向等），谈话应该具有建设性而不是破坏性。

（7）不要用言语来强迫对方接受你的思考方式，当对方与你想法不同的时候，要尊重对方的感受与意见。

（8）不要将过去的伤痛提出来刺激对方，同时要避免僵持在目前的错误里。

（9）配合对方有兴趣的话题，也培养自己在这方面的兴趣。

（10）谈话之间也是有平衡的，避免中断对方的谈话，试着把同样的时间留给对方来发言。

5.妻子常用的沟通技巧

（1）赞赏他已经做了的事，而不要眼睛总是盯着那些他还没做的。

（2）做他最坚定的支持者。

（3）采取主动，更积极地营造一些属于夫妻俩人的特殊时刻。

（4）即使他有弱点、缺点也能接受，无条件地爱着他。

（5）允许他留一些时间给自己。

（6）当他帮了你时，请向他表示感激。

（7）主动地拥抱他、吻他，对他说："我爱你。"

（8）他下班回家后，让他能有机会放下手中的公文包，喘口气，彼此问候几句，然后再向他诉说你的烦恼和问题。

（9）亲手烹制他最喜欢吃的菜肴。

（10）用甜美的微笑向他打招呼。

（11）在庆贺他的生日上大做文章。

（12）私下温柔地给他指正缺点，而不是当着别人的面顶撞他。

（13）听他说下去，不要想当然地认为他在想什么或会说什么，不要打断他的话。

6.婚姻的"黄金定律"

有对幸福厮守了五十多年的恩爱夫妻，从他们的婚姻中总结出了 10 条"黄金定律"。这些出自切身感受的沟通技巧，对渴望达到完美和谐的夫妻来说，应是一笔丰厚的财富。

（1）千万不要双方同时发怒。

（2）千万不要彼此吼叫，除非是家里失火了。

（3）若非有一方已在争执中占上风，否则就让让他（她）吧！因那是你的另一半啊。

（4）除非你必须指责对方，否则就必须是出于爱心的劝诫。

（5）不要重翻旧账，老提对方的不是之处。

（6）宁可忽略了全世界，也不可忽略你的另一半。

（7）不要在争执未获解决之前上床就寝。

（8）每天至少向对方说一句温柔或赞美的话。

（9）当你做错事时应立即承认你的不是，并请求对方的原谅。

（10）记住！"一个巴掌拍不响"，吵架双方都有不是之处。

因此，夫妻双方都要学会换位思考，一遇到争执不要总是从对方身上找原因。

幽默是家庭生活的调味剂

夫妻相伴一生，在这漫长的岁月中，有快乐幸福的时光，也难免有苦涩和痛苦的经历。如果能有幽默相伴，不仅能使生活轻松愉悦，还可解除许多烦恼和郁闷。

家庭是社会的一个细胞，家庭成员之间的关系是人与人之间最亲近的关系和最直接的血缘关系，我国家庭的传统美德是敬老爱幼和和睦相处，多少年来，无数个家庭都恪守这样的信条。但是，不少家庭总显得严肃有余，活泼、和谐和融洽的气氛不足。社会发展到今天，许多人还没有认识到幽默对家庭幸福的重要性。

南开大学社会学系对京、津两市 315 户家庭抽样调查发现：在家庭生活中，家庭成员的情感交流缺乏幽默的现象十分普遍。在被调查的家庭中，妻子认为与丈夫情感沟通难，缺少幽默情调的占 61.7%；丈夫认为妻子多柔情、少幽默的占 80.4%；而子女认为父母毫无幽默感的达 88.8%。看到这样的调查数据，可能大多数人并不感到诧异。原因很简单，因为无论是过去，还是现在，大多数中国人已经习惯于在缺乏幽默的家庭中生活。虽然有时大家也觉得在家庭里似乎缺少点什么，但很少有人认识到幽默可以改变家中缺乏生气的现象。

幽默真的有那么大的作用吗？就让我们看看下面的事例吧。

一次，小李犯了错误，惹得妻子大发雷霆，站在他面前没完没了地数落小李。开始，小李竭力保持镇静，并小心地对她进行解释。没想到这种绅士风度不但无济于事，反倒给她火上加油了。不等小李解释完，她就对小李狂轰滥炸。尽管如此，小李还是坚决奉行"不抵抗主义"，不但一动不动、一声不吭，而且还像个小学生似的目不转睛地看着她。没想到洗耳恭听也不行，妻子一点也不心慈手软，仍然发扬"痛打落水狗"的精神，继续穷追猛打。小李只好改变策略，两只眼睛仍然看着她，脑子里却开始想别的事。没想到妻子明察秋毫，一眼就看出小李走神儿了，于是，火力又升级了，大有把小李打翻在地，再踏上一只脚，叫小李永世不得翻身之势！小李看她急成这样，怪心疼的。再说她站着，还要动肝火，小李却坐着，心里很不是滋味，便站起身来，抄起椅子向她走去。妻子不知道怎么回事，吓得连连后退，以为小李要狗急跳墙——"文攻武卫"了。不等小李靠近，她就伸出双手抵挡，并大声怒喝："你要干什么？"小李把椅子轻轻地放在她身后，心平气和地对她说："你坐下吧，我看你怪累的。"妻子这才知道自己错误地估计了形势，反倒不知道说什么好了。没想到这一招儿还真灵，立刻化干戈为玉帛了。妻子无可奈何地说了句"真拿你没办法"，就偃旗息鼓了。小李不失时机地递上一杯清凉饮料，效果极佳。妻子虽然骂他"没皮没脸"，语气却十分温和。打那以后，妻子对小李数落少了，还常对人说："我那位脾气真好！"还有一次，妻子跟他吵了一架，一连几天小李没理她。她感到委屈，打了份报告，说要离婚。小李感到好笑，想跟妻幽默几句，见她紧绷的脸，便又放弃了。如何打破这僵局？愁思间，某报寄来一封厚信，拆开一看，是退稿，内夹一张冷冰冰的铅印退稿笺，抬头连姓名也没填："××同志：来稿收到，经研究不拟采用，特此退还。谢谢支持！××报。"小李灵机一动，在退稿笺的抬头上填上妻的姓名，连同离婚报告一同退还了她。妻拆阅，忍俊不禁，"扑哧"一声笑了出来……

之后，妻子领了驾驶执照，于是小李便义不容辞地成为陪练。这是件苦差事，原因很简单，她脾气太大。做错动作车熄火了，他刚说两句，她立即火冒三丈："凶什么你！长脾气了，我想怎么开就怎么开，你给我态度好点！"说完，只见她踩离合，挂挡，加油，松手刹，松离合——车就是不走，又加了加油，车还是不走。妻满脸狐疑地看了看小李，他只得赔着笑脸，小心翼翼地说："我们起步一般都先发动车子，然后再挂挡，松手刹，不过您愿意这么走也行，我这就下去给你推车。"

家庭生活实在不易。夫妻相伴为生，由青丝至鬓白，既有快乐和幸福的时光，也难免有苦涩和痛苦的岁月。如果有幽默相伴，不仅会使你轻松愉悦，而且还可解除许多烦恼和郁闷。林语堂就曾是一位远近闻名的幽默大师，不管在舞台上，还是在家中，均表现非凡。他常用幽默的语言来密切夫妻感情，一次与妻子的笑谈中，他心血来潮蹦出一句："把我们的结婚证书烧掉吧，结婚证书只有离婚时才用得着。"其妻会意，便把大红的结婚证书拿来，让丈夫付之一炬。数十年来，他们相爱甚笃，恩恩爱爱、甜甜蜜蜜、体魄健壮、思维敏捷，精神矍铄，被誉为"金玉良缘"。

幽默，实在是一门独到的艺术，同样一件事，谈论的形式和格调不同，所产生的效果会截然不同。例如，某家庭中的一位大男子主义者对妻子讲："你什么都得听我的。"这时，其妻子若以"凭什么得听你的"，针锋相对，恐怕舌战是不会就此罢休的。但妻子若是以雍容得体的幽默感言："可以，我病时听你的，没病时你听我的。"来"回敬"丈夫，她那位傲慢的丈夫定会因妻子的亲切有加、含情脉脉的轻柔语言变得谦和许多，使沉闷的气氛变得活跃起来。家庭宽容和谐的境界，唯有经过岁月和感情的冲刷、洗礼方可领悟。

清官难断家务事，家庭生活中的"是是非非"本来就是"剪不断，理还乱"的事情，何必为一句话、一件小事去大动干戈，弄个"你负我胜"，或"我是你非"的地步呢？这样做，岂不是在实施"两败俱伤，慢性自杀"，岂不是把家庭变成了"精神屠宰场"？实际上，家家都有一本难念的经，家中的小打小闹只不过是生活中的一段序曲和一剂调味剂罢了。

任何一个家庭成员都不希望家庭感情发生危机乃至破裂，都希望拥有一个充满爱意的家，这就要求家庭成员之间经常进行语言交流，沟通思想，互相关心。要尽量运用形象化的幽默语言。譬如，丈夫忘做了什么事，妻子幽默地提醒一下，这和大声埋怨产生的效果肯定会明显不同。子女做了错事，父母运用幽默的方式批评一下，这和狠狠地斥责效果也不同，因为幽默可以帮助人消除烦恼、忧愁和疲劳，有利于增进身心健康，化干戈为玉帛，使各种家庭矛盾一笑了之。

在现代社会，家庭所处的社会关系日益复杂，家庭的感情危机也将日趋突出。如果我们注意不到这一点，就可能在家里遇到麻烦，因此，让幽默走进家庭还真不可小看。

"废话"是夫妻沟通的润滑剂

在日常的夫妻生活中，"废话"可以变为加深感情的催化剂，维持夫妻关系发展的润滑剂。生活中有了这样的调味品，夫妻感情将会越来越醇厚、甜美，生活也会变得更加充实、美好。

日常生活中，大家都认为爱讲废话是一种很不好的习惯。无论与人交谈或大会发言，废话多了会使人产生一种厌恶感，从而降低对自己的评价。所以大家平时讲话总是以简明扼要为宜。然而，就像垃圾中也藏有宝贝一样，废话有时也可以"变废为宝"，起到增进夫妻感情的作用。

夫妻之间说一点废话，有时不但不会让对方感到厌烦，甚至可以成为夫妻感情进一步发展的契机，成为夫妻生活中重要的润滑剂和调味品。有时因为一两句废话，甚至可以避免夫妻间不必要的冲突和矛盾，至少可以避免矛盾的进一步激化。试想，在日常的家庭生活中，夫妻之间一点废话也没有，那该是一个什么样的景象呢？下面一组对话，就能明显体现出没有废话的夫妻生活是多么的单调无味。

丈夫拖着沉重的身子，一脸疲倦地回到家里。

妻："你今天很累吧？"

夫："嗯！"

妻："都干吗了？"

夫："厂里有事！"

妻："吃过晚饭了吗？"

夫："吃了！"

妻："都吃了些什么，还饿不？"

夫："一般的东西，不饿！"

妻："明天的事是不是还很累？"

夫："难说。"

……

从这回答中可以看出，丈夫好像是答记者问，似乎是被迫来回答妻子的问题，而且回答得又那么简练，双方的关系看起来就十分冷漠了。如果夫妻间的对话老是这样简练，夫妻之间似乎无话可说了，夫妻生活也就没有什么味道了。虽然双方没有争吵，没有冲突，表面上看起来非常平静，在外人眼里也可能被认为是一个美满幸福的家庭，但是谁又知道他们内心的苦恼呢？这样冷冰冰的、缺乏家庭活力的场景，一定会使双方陷入一种非常尴尬的境地。

所以，现在一些婚姻学家们提倡夫妻间有时要说些废话，说得好听点是要讲讲闲话，这样可以增加夫妻感情的润滑度，把闲话、废话作为夫妻生活中必要的调味品。

恋爱时，情人间废话连篇，大都是通过一些琐碎却无关紧要的"废话"来倾诉柔情蜜意。蜜月中，百听不厌的大概就是那句大"废话"——我爱你。而后，伴随着漫长的婚姻生活，这种废话慢慢减少，这本属自然状态，但如果"废话"过于稀少，甚至全无废话，只剩下干巴巴的实话，夫妻关系恐怕甚为不妙，夫妻感情可能已陷入危机时刻。

夫妻间如果想顺利渡过这样的感情危机，就应该互相多讲一点温存的"废话"。例如，妻子大冷天洗衣服时，丈夫不妨讲一句："今天洗衣服冻手了吧，辛苦你了！"妻子当然能听出丈夫的这句"废话"里饱含的感激和体贴。再如，丈夫丢了钱包，心情郁闷时，妻子大可讲点"废话"："丢了就丢了吧（当然只能丢了），我马上发工资了（这个情况丈夫当然也知道）。"丈夫就会感觉到妻子的无限爱意。但"废话"也并非越多越好，如果没完没了地重复一件事情，那就变成了唠叨，只会引起爱人的厌烦。

讲"废话"也要讲求天时地利人和，什么时候说什么话、做什么事儿，就好比"到什么山上唱什么歌"，情景交融时更有利于夫妻交流。一天之中，在以下六个场景中不妨用"废话"填充。

1. 晨起提意见

常言道："一日之计在于晨。"为了新的一天里更好地生活和工作，可以在两口子起床后进行一些交流，有什么意见和看法，在临上班前提出来最适宜。

2. 回家展幽默

一天的辛苦工作之后，夫妻双方都会很疲惫，有时还会把工作中的压力带回家，此时难免会心情不好。所以，夫妻二人回家初碰面的那一时刻，不应是发泄的时候，而该是"造气氛"的时机，为整晚营造一份好心情。

3. 吃饭寻开心

餐桌上，是夫妻二人最好的交流地点。吃晚饭时，夫妻最好在饭桌上谈些开心的事儿，来冲淡一天的焦虑和烦躁。愉快的心情可以增进食欲，消除一天的疲惫，增进彼此的了解，这对于特别忙的夫妻更为适用。

4. 饭后做家务

"男女搭配，干活不累"。饭后，夫妻俩应共同收拾、洗涮一番。边做家务边聊天，是夫妻间最好的一种交流方式，不仅减轻了配偶的负担，又加强了夫妻间的情感交流，表示出了做丈夫的对妻子的尊重和做妻子的对丈夫的体贴。

5. 电视要休息

如今电视频道越来越多，如果进行"长期作业"，就必然会减少了夫妻间语言、心理和思想上的交流。所以，当夫妻俩看完一个精彩的电视节目之后，最好来一个"中场休息"，转换到"夫妻频道"上来，关上电视机，两口子当一回"节目主持人"，来一通"侃大山"。

6. 睡前多赞美

入睡之前，对爱人的赞美无疑是一首动听的"催眠曲"。想一想，爱人在这一天中，做成了哪些事，有什么不平凡的表现，这时认真地总结出来，给予赞美，当可舒筋活络，松弛神经，一夜好眠。

夫妻间感情的传导是多种多样的，一举手，一投足，甚至一个眼神，一个微笑，都可以成为感情的载体。这就像一台运转的机器在不停地进行运作，然而有时机器也会卡壳，夫妻间的情感链同样会有断裂的情况。而此时"废话"恰似一剂良药，在这种"非正常"的情况下发挥出意想不到的作用。

因此，在日常的夫妻生活中，"废话"可以变为加深感情的催化剂，维持夫妻关系发展的润滑剂。生活中有了这样的调味品，夫妻感情将会越来越醇厚、甜美，生活也会变得更加充实、美好。

倾听是一种微妙的沟通

倾听对方的心声，是沟通中极为重要的组成部分。夫妻之间任何问题的解决只有通过开诚布公、心平气和的交谈和专心地倾听才能实现。

沟通是双向的，单行道永远也不能算是沟通。婚姻中，当一个人在讲自己的意见或建议时，也必然会有一个是听的。然而，让人遗憾的是，会听别人讲话的夫妻实在不是很多，更多的夫妻在实际生活中，都是在抢着说话，好像少说一句便吃了大亏，专心听别人讲的人必定是理屈词穷。

尤其是在发生争执的时候，男人女人都一样，他们只剩下了嘴巴而没有了耳朵。夫妻在现实生活中，都常会坚持己见，要求对方改进，因意见不同而热吵冷战，这些小问题是现实婚姻乐章的伴奏曲；小两口较激烈的沟通场面，通常称作吵架。两个性格、思想、背景、专业……都不相同的人，要一辈子在一起是件相当不容易的事，需要极多的爱心、信心与耐心。有人说一个美满的婚姻好像是一条永远在修的双向道，夫妻都不吵架并不表示他们关系很好，反而有可能是他们在沟通上永远只是单行道。

要实现夫妻间心平气和、有效的沟通，就一定要注意倾听。倾听对方的心声，是沟通中极为重要的组成部分。没有专心倾听对方说话，是导致婚姻陷入困境的一个重要原因。夫妻间经常这样抱怨："他从来不听我说话。"或是"她不了解我心里的感受。"

如果没有专心倾听伴侣说话是问题婚姻的一个迹象，那么专心倾听对方说话是健康婚姻中的一个特征。当别人对你说："请接着说。"而且是真的专心听我们说话，我们会觉得自己被看重、被了解、被接纳。积极的倾听可以改善夫妻关系。专心倾听有以下的态度：

（1）专注、不批评。未经对方请求所给予的建议都有可能被称为批评。

（2）不管是他或她在说话都要全神贯注。常常另一半跟我们说话时，我们不是想着下面要说些什么，而是把注意力放在别的事上，像是准备晚餐或是看电视。

（3）用感情聆听，而不要论断。伴侣所说的话只不过是很单纯说出心中的感受，这些感受对你来说都是很宝贵的信息。不要说："你不能这么想！"相反的，反问他："这是不是你的感受，我说对了吗？"

（4）不要打断对方说话，终究会轮到你发言。嘴巴闭上时，话语听得最明白。

倾听并不意味着沉默，沉默有时比吵架还要有害，沉默实际上是拒绝沟通。婚姻中，有些人把沉默当成了一种武器。

惯用沉默作武器的人，常有这样的借口："我不吭气，是为了不想跟他（她）吵架。"实际上，沉默不仅不能解决问题，而且因为沉默里包含着对对方的极端轻视，隐喻着"我不爱理你"、"不跟你一般见识"的意思，从而不仅没有解决问题，反而使矛盾进一步激化。

而且，夫妻之间出了问题，如果一方沉默，也断绝了共同解决问题的可能，阻碍了亲密关系的修复和发展。因为良好的夫妻关系是建立在坦诚沟通思想的基础上的。

沉默的背后实际上还隐藏着愤怒的情绪，当怒火积压到一定程度，总会爆发出来，此时已不可收拾。

生气又不肯让对方知道原因，实际上是一种不当的手段。因为一方沉默，会使对方着急而束手无策。实际上不是怕"争吵"而影响夫妻关系，真正用意是要折磨对方、破坏婚姻关系，这种行为发生在夫妻之间自然是最具破坏力的。当然，有的人并非有意用沉默来攻击他人，而是出于无心。比如有些人在心情不好时，习惯把自己紧紧封闭起来。

面对一方的沉默，另一方应该怎么办呢？最好别逼他说话，或者采取激将法来刺激他，这样并不能打破他的沉默，反而会造成更加沉默或大发脾气。比较好的办法是让他知道沉默本身已经表达了某种意思和你对此的想法。让对方认识到夫妻之间任何问题的解决只有通过开诚布公、心平气和的交谈和专心地倾听才能实现。

吵架也是一门艺术

和谐的婚姻，并不在于两个人志同道合，完全没有争吵，而在于争吵发生后，彼此如何处理与面对。这是婚姻生活中很重要的一门学问。

关于夫妻之间的争吵，普遍认为这是一件正常的事情——哪能没有马勺碰锅沿的事？甚至还有人认为：打是亲骂是爱，不打不骂是祸害。

的确，里里外外十全十美的婚姻不是没有，但是极少，所以身处婚姻中的男女没有必要将生活中的吵架当成是一件多么了不得的事情，甚至因此认为你们的婚姻进入危机，要以一颗平常心对待彼此之间的分歧和争吵。要知道，和谐的婚姻，并不在于两个人志同道合，完全没有争吵，而在于争吵发生后，彼此如何处理与面对，这是婚姻生活中很重要的一门学问。

现实生活中，我们不难发现这样一个现象：那些看上去很相爱、从不争吵的夫妻，总会比别的夫妻更早离婚。

细究起来还是有些道理的，想想看，两口子为什么会吵架？那是因为彼此在意对方，如果不在意了，你说什么、做什么都与我无关，是吵不了架的。如果一对夫妻连吵架都懒得吵了，那也说明他们的婚姻已经"冰冻三尺"了。

另一方面，吵架也算是一种另类的沟通方式，平时夫妻之间可能都还有所顾忌，心里有些什么不痛快，都憋着不说，但是吵起架来就顾不了那么多了，会将自己的委屈和不满一股脑地说出来，这样反倒给了对方一个了解、解释和补救的机会。有一对夫妻，妻子非常不满丈夫每个周末把自己的同事带回家聚餐，但是碍于面子不好发作，每次还装作很高兴的样子热情待客。有一次在吵架的时候，她忍不住脱口而出："周末我只想和你在家里安静地待着，可是你每次都弄一堆外人回来，这个家还像个家吗？我受不了了！"丈夫一脸的诧异："你为什么不早说啊，我以为你很喜欢热闹呢！"

生活中即便是再恩爱的夫妻，两人共处时间长了，也难免遇到不快乐的事，不过我们看到不少夫妇越吵越亲密，这是什么原因呢？

（1）婚后第一次吵架是互见"庐山真面目"的一次机会，印象最深，可以借此深入地了解对方，知道对方对什么最敏感，对什么最忌恨，以及他（她）的心理承受能力。

（2）如果你认为彼此爱慕的一对夫妇也不免会有嫉妒、烦恼和生气的事情发生的话，那么当这些情绪来临时，你就不会惊慌失措，因为这并不意味着他或她已经"没有感情"了。也许你的配偶是因为上司的缘故而情绪低落，没有向你表示绵绵之情，但即使这暂时的不快不是你的过错，你也应该问："亲爱的，我做了什么事惹你生气了？"如果回答是否定的，你就再问："那么，我能为你分忧吗？"如果对方不需要，你就不必打扰了。要知道，这些问候是你给予他的最好的安慰。

（3）一时冲动，以冷对热的关键，就是你吵我不听。在一方情绪激动、控制不住自己的时候，任他发火，一个人吵，就吵不起来，任他暴跳如雷，不去理睬他，等他情绪平和以后，再和他慢慢说理。

（4）如果对方实在不像话，有必要顶他几句，于是难免发生争吵。但是即使争吵，说话也要有分寸，不能说绝情话，不能讥笑对方的某些缺陷或揭对方的"伤疤"，更不能在一气之下，破口大骂，不计后果。

（5）如果一方想表达自己的某种强烈愿望，就直说"我想……"比如妻子责怪丈夫好久未带自己上餐馆，就不妨直说："我想明天到外面吃饭。"而不要说："看人家小王，每周至少带爱人上一次饭店，而你呢？"这样，引出的效果会大不一样，简单的事情往往就复杂化了。

（6）如若双方都能克制一点，让对方把话说完，不要抢白，那么大多数争吵不会白热化，也就容易和解。

（7）为了哪件事吵架，谈清楚这件事就行了，不要上纲上线，也不要无限扩大，上挂下连。不要随便给对方扣什么"自私"、"品质恶劣"、"卑鄙无耻"等帽子，否则，就把事情搞得太严重了。另外，对事情也切忌扩大化，如果从这件事又提及以前的事，从对配偶不满又拉扯到他的父母兄弟姐妹身上去，往往就会把事情搞得越来越复杂。

（8）"君子动口不动手"，就是说不论争吵时情绪多么激动，都要切记：

一不能摔东西，二不能动手打人。有的夫妻在争吵时，为表示愤怒，常常把锅碗瓢盆摔得稀里哗啦，这是很愚蠢的。物品何辜？摔坏了以后还要花钱买，何必呢？至于打人，就更不应该了。

（9）夫妻双方在激烈争吵后，千万不要一走了之。因为夫妻吵架并不意味着婚姻会破裂，我还是你的妻子，你还是我的丈夫，为什么要离开自己的家呢？

（10）夫妻之间的争吵，一般没有什么原则问题，但许多是是非非纠缠在一起，也不易分清，特别是在头脑发热、情绪激动时更不易讲清。如果争吵到了一定程度，发现这样下去还不能解决问题，那么一方就要及时刹车，并提示对方该休战了。这并不是屈服、投降，而是表示冷静、理智。

（11）你不满意爱人老是很晚了还坐在电视机前看个没完，想说他几句，但当他还在津津有味地欣赏时，比如足球队员正在射门的关键时刻，你最好别当即批评。有些明智的夫妻约定，在做爱前后不吵架，不许把争吵带到床上。这无疑是有效而合理的。

（12）许多夫妻争吵以后心中十分不快，互不理睬，中断了"外交关系"。但是双方还是生活在一起，这是十分别扭的，同时也会伤害感情。因此不论争吵多么激烈，在"停火"以后，应照常说话，夫妻还是夫妻，该怎么过就怎么过，这才是正常的。

夫妻之间争吵应遵循的原则包括：

1. 争吵时先处理心情，再处理事情

夫妻吵架往往不在于是谁的对错，而在于双方的心情好坏。心情好，能把坏事看成好事。心情不好，能把好事看成坏事。老年夫妻往往把对方的优点、短处，忽略不计，或看作理所当然，而单单斤斤计较对方的缺点、毛病。总是将这些看在眼里，烦在心里。于是挑剔、指责不断，吵架不止。夫妻间如果一方长期被挑剔、否定、指责，一定会发泄不快，沮丧的心情，夫妻吵架就在所难免，而且会由小吵到大吵，由善意转变成恶意。

2. 不要企图改变对方，而要努力改变自己

夫妻在一起共同生活，但是二人的兴趣、爱好、性格以及思维模式和行为习惯很少有完全相同的。所以，各自对待生活的态度，处理事情的思想和方法会有很多不同之处。对自己爱人的这些特点都要互相包容和顺应，而不能企图抹杀或改变，更不能企图把自己的兴趣、爱好、思维模式及行为习惯强加给对方。

3.夫妻争吵时不求胜利，只求沟通

夫妻吵架不必争谁是谁赢，只要在吵架中把自己心中的不满"吵"给对方就够了。有时大家说，吵架是一种强烈的沟通形式。因为通过吵架，即使对方没有能完全接受你的观点、想法或意见，也已起到了交流感受、想法、意见的作用。尽管吵架是一种被动的沟通，但是，它比夫妻间有气发不出来，而闷在心里好得多。

夫妻吵架不求胜利，只求沟通的另一个方面是"不讲道理"。因为夫妻吵架，特别是老年夫妻吵架，很少由原则问题引起，不必"较真"。如果凡事都"较真"，非要争出个谁对谁错的道理来，那么"较真"本身就已经错了。因为这类问题完全是由个人的爱好、体验和感受决定的，从来没有标准的道理可讲。

夫妻吵架时，彼此都处在不冷静的状态，脑子一热，什么事都干得出来，比如动手打人啊、摔东西啊、离家出走啊，什么话也都说得出来，脏话、侮辱人的话、伤人心的话，总之是什么解恨说什么。有些人却不愿意去考虑：有些事做了，有些话说了，也许是自讨没趣，也许是劳民伤财，也许是无法收场，也许会给对方的心灵造成永远也无法弥补、消散的创伤和阴影。

糊涂一下也无妨

糊涂有时也是一种艺术，婚姻生活中适时的"糊涂"一下，可化干戈为玉帛，让云开雾散、心情轻松。

告别了7年的爱情长跑，玛丽终于与杰克决定结婚了，婚礼举行的当天早晨，玛丽在楼上做最后的准备，男友的母亲走上楼来，把一样东西放到玛丽手里，然后看着玛丽，用从未有过的认真语气对玛丽说："我现在要给你一个你今后一定用得着的忠告。那就是必须记住，每一段美好的婚姻里，都有些话语值得充耳不闻。"

男友的母亲在玛丽的手心里放下一对软胶质耳塞。

正沉浸在一片美好祝福声中的玛丽十分困惑。更不明白在这个时候，塞一对耳塞到她手里究竟是什么意思，但没过多久，她与丈夫第一次发生争执时便一下明白了老人的苦心。

"她的用意很简单，她是用她一生的经历与经验告诉我，人在生气或冲动的时候。难免会说出一些未经考虑的话。而此时，最佳的应对之道就是充耳

不闻，权当没有听到，而不要同样愤然回嘴反击。"玛丽说。

但对玛丽而言，这句话产生的影响绝非仅限于婚姻。

作为妻子，在家里她用这个方法化解丈夫尖锐的指责，修护自己的爱情生活。作为职业人，在公司她用这个方法淡化同事过激的抱怨，优化自己的工作环境。她告诫自己，愤怒、怨憎、忌妒与自虐都是无意义的，它只会掏空一个人的美丽，尤其是一个女人的美丽。每一个人都有可能在某个时候会说一些伤人或未经考虑的话，此时，最佳的应对之道就是暂时关闭自己的耳朵。

有心理学家指出：小事糊涂，在引发个人的创造力，导致事业成功，建立良好的人际关系，使婚姻、家庭较美满等方面都有益处。理由是：第一，人的创造力往往是在凌乱的环境中滋生，能够忍受某种程度的凌乱，可以使你有更多的时间去专注于某项重要的工作。第二，一个不严格追求完善的人，通常胸襟都比较开朗，能够接受别人的意见，更易适应转变，不会过于偏激，这对预防身心疾患是必要的。第三，"小事糊涂"的人，比起事事处处都"精明"的人一般人际关系较佳，人缘也好，这有益于健康。据对两万多居民调查证实，性格孤寂的人比人缘好、能社交的人死亡率高 2.5 倍。第四，一个不过于计较，不硬性追求完美的人，在婚姻、家庭方面，也较易获得成功。而美满的婚姻、家庭是健康的基础。第五，对小事不斤斤计较，不过于注重生活琐事，可以减少焦虑，有更多的时间去享受人生。

当然，小事糊涂不是事事糊涂、处处糊涂，在大是大非面前不分青红皂白，那就成糊涂虫了，这是万万不可取的。

"难得糊涂"是清朝末年书画大师郑板桥的名言。无论是在社会还是在家庭中，"糊涂"可以化解矛盾，可以化干戈为玉帛，可以云开雾散，可以使家庭气氛轻松。"糊涂"一点可以使人保持心胸坦然、精神愉快，可以消除生理和心理上的痛苦和疲惫。

那么，在家庭生活中，如何才能做到"糊涂"呢？

第一，要胸怀宽广，也就是要宽容大度。胸襟开阔、宽容大度表明一个人的自我修养，表明这个人明白事理，宽以待人。居家过日子往往会遇到许多不顺心的事。比如，丈夫的一位朋友急用钱，丈夫把钱借给了朋友，如果妻子是个小心眼，知道后就会琢磨，他背着我借钱给别人，有一次就会有第二次，这次告诉了我，可能有时还瞒着我。如果妻子光琢磨借钱这一件事还好，糟糕的是琢磨琢磨就往其他方面瞎琢磨了，比如，他不信任我了，他是不是把钱送了别人而不是借给了人，借他钱的是男的还是女的，平常让他拿出点钱还挺难的，他怎么借给别人钱却挺大方，等等。这就是我们平常所说的小心眼、钻牛角尖。遇到这样的人就不要和他计较。

在家庭中宽宏大量的丈夫，能够使家庭化险为夷。比如，妻子的特点是说归说、干是干，妻子每天做家务，心里觉得不平衡，难免嘴里要唠叨几句，发发牢骚，对此，丈夫不要计较，拿出"宰相肚子能撑船"的气量或开开玩笑。与宽宏大量的丈夫一起生活，妻子会安全、放心，没有后顾之忧。

第二，对于小事不要斤斤计较，不要过于注重生活琐事，不要求全责备。居家过日子每天都要遇到一些大事或小事，因此生活中的种种矛盾很难避免。如果遇到事夫妻之间总是斤斤计较，非要弄个谁是谁非，硬要讨个"说法"，这种较真的结果会带来烦恼和忧愁。久而久之，不利于身心健康。特别是作为丈夫，作为男人就更不应该在小事上斤斤计较。有的丈夫，在妻子买回东西后，问得特别仔细，菜多少钱一斤，河西买是五毛钱，河东买是四毛五，单位出差和谁一起去，去几天，都去哪，怎么去，等等。同样，有的妻子也对丈夫买回的东西评头论足，这东西你买贵了，或者是质量上有问题，你就没好好挑挑，等等。你说他是关心吧，又觉得他挺烦。

对生活中无原则性的事，不必认真计较。从心理学角度看，对无原则性、不中听的话或看不惯的事，装作没听见、没看见或随听、随看、随忘，这种糊涂处世的做法，不仅是处世的一种态度，亦是家庭和睦的秘诀。

第三节　掌握夫妻相处的完美艺术

保持适当的距离才能产生美

爱并不意味着控制，在夫妻的责任之外，彼此完全可以有各自的自由。两情相悦、互相尊重是奠定感情基础的前提。相爱的双方，应当尊重对方的私人空间。同时，只有各自保持一定的自由度和独立空间，对方才能活得轻松愉快，才能产生一种持久的美。

正如我们欣赏一幅油画，太近了看着不大像画，太远了像画又看不清楚，只有不远不近，恰到好处，才能看出"效果"。夫妻间的相处艺术也如此。虽然，我们中的许多人都在称道着夫妻间的心心相印、形影不离、亲密无间。其实夫妻间的"亲密有间"要胜于亲密无间。因为，只有夫妻间保持适当的距离，给予各自一定的自由度和独立空间，双方才能活得轻松愉快，才能产生一种持久的美。

这反映一个审美距离的问题。审美距离是一条重要的审美原理。德国著名的黑格尔派美学家费歇尔说："我们只有隔着一定的距离才能看到美，距离本身能够美化一切。"审美距离又分为物理距离和心理距离。物理距离好理解一些，如开头所举欣赏油画之例。心理距离抽象一些。比如，你坐在一个很美丽的姑娘身旁一小时只当一分钟，你坐在一个很丑陋的姑娘身旁一分钟却当一小时，便是审美心理的微妙作用所致。未到过"苏杭"的人，心里总是向往的，如果有机会亲临，先是陶醉不已，后却逐步淡然，若长期住下去，还会熟视无睹，见美不美。这里则既有物理距离又有心理距离了。

莎士比亚有句名言："最甜的蜜糖，可以使味觉麻木，不太热烈的爱情才能维持久远。"句中的"不太热烈"显然系"亲密有间"之主张。就物理距离而言，我国有"小别胜新婚"之说。的确如此，水饺再好吃，上顿接下顿地连着吃，总有一天会吃腻。一对夫妻，天天厮守在一起，重复着同一套生活模式，难免不生出厌倦乏味的感觉。正如赫尔岑所说："人们在一起生活太密切，彼此之间太亲近，看得太仔细、太露骨，就会不知不觉地、一瓣一瓣地摘去那些用诗歌和娇媚簇拥着个性所组成的花环上的所有花朵。"适当的分别，则有利于保持夫妻间的神秘感和新鲜感。美国、日本的社会调查表明，每周见一次面的夫妻感情最好，关系最稳定。就是夫妻一直在一起的，现在有的也开始提倡夫妻分床睡觉。这样既有利于休息，又会使夫妻双方保持各自的魅力，让相互的爱情在若即若离、不冷不热中维持久远。

夫妻间保持一定的心理距离更重要，然而也更难掌握。保持心理距离，就是让夫妻保持各自个性上的闪光点。让夫妻各自保留心中的一块自由活动的绿地，谁也不要试图挖空心思地去改造对方，而是要设法适应对方，让对方有独立的人格、独特的个性和适度宽松的生活圈。大桥桥面的某些联结处还要留隙缝呢！否则由于热胀冷缩的原因，桥就会被挤裂。热水瓶装热水，如果装得过满，反而不利于保温。夫妻之间若是一点"缝隙"都不留，反而不利于"感情保温"，迟早要"挤裂"的。事实上，夫妻间真正做到形影不离和百分之百心心相印是不可能的，果真有之，定成问题。两年前几家报刊上曾经登载着一个"他为什么离婚"的报道，说的是一个记者与其妻离婚不是因为她不好，而是因为她太好了，好得对他百依百顺、俯首帖耳，一丝不苟地与他保持一致。他故意找碴儿与她吵几句都吵不起来，她完全丧失了自己的独立人格，使他腻烦不堪。也就是说，他一心想同她拉开点心理距离，可就是拉不开，最终只有索性甩开她。

当然，这不过是个极其特殊的事例。在现实生活中更为常见的倒是夫妻间干预过多，使对方束手束脚，才最难行，以致关系日益恶化。

马克思说过："人类的本质是自由自觉的活动。"作为社会主角与家庭主角的男人在这方面尤为强烈。剥夺了他的自由，等于剥夺了他的生命，因而，这是他的最怕。

为了婚姻的幸福，女人常常勤奋而痴情地吐出情感之丝将男人网在自己的世界里，像藤缠树那样不肯给他们半点活动的空间。但网来网去，结果往往是适得其反。其实，只要给男人以足够的自由和信任，他们很容易就能和女人相处得亲密无间。

有人说，女人的手段高明。她们要剥夺男人的自由，阻止男人有自己的生活方式，都是在男人不知不觉中进行的。起先她们还只是问问你中午和谁一起吃饭，刚才到哪里去了，后来男人就会突然发现，无论去哪儿，都有她在身边，甚至有时她还会先告诉你周末怎么消遣法呢！

结了婚的男人常有被女人监视的感觉，即使是在看书的时候，都感到女人在盯着他，这使他们难以忍受，有时候他们想去打打球也要事先打个腹稿才敢开口，生怕伤害到她。很快，男人就步入了对过去的嗜好失去兴趣的阶段，而完全变得懒懒慵慵——生活就是早上去上班，下班便回到她身边。

女人是不会发现这些的，只要和他在一起，一切就很完美。可是，有一天，他会发现自己被照顾得那么周到反而令他窒息，他想自己去选一条领带几乎都越来越不可能，只会觉得生活简直乏味极了。久而久之，他忍无可忍就会告诉他的女人，她是怎么样地限制了他的自由。可怜的女人，她还以为他这样"安分"是因为他喜欢和她在一起呢！

然而，要提醒女人注意的是，成了家的男人和女人在生活中的一些琐事上互相帮帮忙是一回事，但男人的命运是绝不愿被女人操纵的，这是一个不争的事实。很多女人是在自作主张做了一大堆决定，事后看在"男人尊严"的分上才提出来商量，这可真会把男人吓跑。你想让他回来吗？请给他本属于他的自由！

当然，这也并不是说控制，在夫妻的责任之外，彼此完全可以各有各的自由。两情相悦，互相尊重是奠定感情基础的前提。相爱的双方，当然应该尊重对方的私人空间。

诚然，这里所说的距离是有限的、适当的。正如某著名作家所说的："有距离才有吸引。但是，千万不要太远。当我痛苦或迷惘时，不要让我牵不到你的手。"同时，保持距离感绝不是设置心灵上的屏障或戒备防线，也就是说，物理距离也罢，心理距离也罢，绝不是感情距离。恰恰相反，在审美心理竭力要求缩短这个距离时，将形成一种强烈的亲和力，实际上正是缩短了感情距离，加深了夫妻感情。

爱人只是自己生活的一部分

夫妻一方，不管你多爱对方，都必须明白他（她）只是你生活的一部分，不要视他（她）为你生活的全部，否则不仅自己会受到伤害，而且可能会把他（她）吓跑。特别值得注意的就是妻子这一方。

　　社会的不断发展，妇女的社会地位也随之得到了进一步的提高，有许多女性甚至成了社会的佼佼者，成了支撑半边天的重要人物。这时，夫妻之间的相互依赖、相互支撑、相互帮助是夫妻关系和谐的象征。但仍有不少女性，将男人作为她可依可攀的树，作为她生活的全部。一旦身边没有男人，便会无精打采；一旦话题离开男人，就觉得索然无味；一旦离开了男人，就找不着北。一方过分依赖另一方，女人把丈夫当成自己的全部，爱的天平就会发生倾斜，这种倾斜会影响夫妻感情的正常发展，同时对女人危害甚深。

　　她们的依赖主要有这样几种表现：一是思想上的依赖。遇事不动脑筋，不善于思考，人云亦云，缺少主意，一切按丈夫的意志行事。二是生活上的依赖。生活中的大小事情都不会干或不想干，凭着丈夫对自己的爱，坐享其成。三是事业上的依赖。胸无大志，缺少理想和追求，只企望丈夫的飞黄腾达，给自己带来好运。四是经济上的依赖。以婚姻为手段，找个有钱的丈夫，坐享荣华富贵。

　　女性所接受的教育使她们以为爱情是生命中最重要的东西，而男性则被教导在工作、在竞赛中取胜，爱情并不是首要的东西。女性喜欢爱情有紧张感、有挑战性，能让她们销魂失魄，所以就容易匆忙陷入危险的动情的境地。男性在这一方面则较为谨慎，在与女性的接触中，他们是自卫型的，有一种掩饰自己的恐惧和焦虑的需要，他们即使对女性动了情，无法把握自己和对方时，也不表现出慌张。

　　女性在任何情况下都不应该把决定自我感觉的权力交给男性，但还是有很多的女人因为被男性抛弃而感到自我价值的丧失。这些女性总是觉得自己被生活的力量所左右，她们自我感觉是生活的受害者，男性闯入了她们的生活，让她们感受到了一种从未有过的感觉，而当他们离开时，则带走了她们的一切。承受生活压力的女性倾向于认为这是自己的错，这种自责加剧了自己的痛苦。

　　女性长期痛苦的另一个极重要因素，就是慢慢屈从于让男性来决定自身的价值。在男女的相互作用中，她们丧失了对自己内在力量的感觉，尤其当她们无力留住男性的爱时，她们会把暂时的丧失力量和感到更为长久的无力感混在一起。其实，对于高情商的女性，一个男性可能离她而去，但并不能真正把她带走。只有她才是自己价值的实现者和实体的所有者，没有人能够真正把她偷走，男性离开她时，她会像消除垃圾一样，将离伤和痛苦一并抛掉。

对男性的这种过分依赖和被依赖的关系，实质上就是一种主从关系。它是以出卖自己的尊严为代价的，是自贬的行为。同时，女性把丈夫当成自己的全部，完全依赖于男性，也会给男性带来沉重的压力，让男性很不自在，对他的工作、生活都是非常不利的。时间久了，婚姻的质量必然会受到影响。那么，怎样解决妻子的过分依赖的问题呢？

（1）要从思想上认识到过分依赖的危害，努力培养自己遇事多动脑的习惯。凡是拿不准的事情，要通过自己头脑的反复思考后，拿出解决问题的初步方案与丈夫商量，久而久之，就会积累些经验，为日后自己单独处理好问题奠定基础。

（2）要培养自己的自信心和独立意识。要明白过分依赖不是在加深或巩固丈夫对自己的爱情，而是在削弱自己在丈夫面前的吸引力，是在摧毁爱情。同时要加强自身修养，培养良好的生活习惯。

（3）要有勇气按照自己的愿望、意志行事，不要总是违心地讨好丈夫，而失去自我。遇事要自有主张，而不是看着丈夫的眼色行事。要知道，真正生活的实质在于独立，只有独立才会受到别人（包括丈夫）的尊敬。那些敢于独立思考、独立行事，并获得成功的人，才是最令人钦佩的。

做个调配爱情的高手

我们要学会做个调配爱情的高手，怀着浓烈的爱心，不求索取地去体贴自己的爱人。这样，才会激起对方对自己更大的回报，婚姻才会幸福甜蜜。

有这么一对年轻恋人，总在争吵谁先对谁好。女的说："你得先对我好，我才对你好！你不对我好，就甭想我对你好！"男的也不服气："凭什么要我先对你好？"

即使是在热恋中，他们谁也不愿主动为对方多做点事情。女的觉得那样做了，她就降低了身份，成了男人的奴仆；男的也觉得不该去伺候女的，那样他的"大男人"身份就受到了贬损。

直至婚后，他们之间极端的"男权"与"女权"的战争不仅从未停息，反而愈演愈烈。在家务事中谁也不能心甘情愿多做一些，为此时常爆发战争。

悲剧终于发生。男人与另外一个女人相识并相爱，在这个女人完全奉献的关爱下，男人感悟到了"爱情就是互为奴仆"的伟大哲理，全身心地对这个女人奉献。而他原先的婚姻也终于解体。在此之前，他的妻子虽然心甘情愿放下"女权主义"的自尊，来全心挽回这份婚姻，但丈夫那边却已是"爱到尽头，覆水难收"了。

这个案例告诉我们，爱是不能单向去索取的。你不能斤斤计较，对方给了你多少，再视情况给他（她）多少"爱"。聪明的人应该是个调配爱情的高手，怀着浓烈的爱心，不求索取地去体贴自己的爱人，反而容易激起他（她）对你更大的回报。

有时候，爱的付出体现在一些小事上，费力不大，却影响不小，可令对方深为感动并怀念你的好，换得更深挚的关爱。

要想笼络住意中人的心，就得从日常生活中的小细节入手，去打动他（她）。以下给你提供几种讨他（她）欢心的方法，相信会让他（她）加倍迷恋你。

1. 宠宠对方的口舌

你有没有注意过，对方特别喜欢的小点心是什么？也许是牛肉干，也许是凤梨酥。只要对方说过，你能放在心上，那就最棒了。就算对方从来没说过，你也可以观察到：上次买某种点心回家，对方吃得好开心。这些，都是让对方快乐的"线索"。

"点心"当然不能当饭吃，天天吃，也不是人人都负担得起，更何况天天吃就不稀奇了，还容易生厌。所以，不定期地买一些对方爱吃的东西，宠宠对方的口舌，那份点心里便藏着浓浓的爱意。尤其是在你出差或旅游的时候，若能惦记着对方爱吃的东西，为对方带回家，更能让对方开心得不得了。

2. 谢谢对方的"好"

当对方为你做了一件事，不管那是需要花很多时间的"大事"，或是很容易做的"举手之劳"，你都应该郑重地表示你的感激。一方面这是很好的习惯，表示别人对你好，你都放在心上；另一方面，这是绝佳的示范，让对方也学会对你付出的点点滴滴都放在心头。

你可能没有这样的习惯，或不觉得它很重要。举些例子，你便可以举一反三：

你的男人把碗洗好了，你拿一张擦手纸或一条毛巾给对方，对着对方甜甜一笑，说："谢谢你，辛苦了！"

你的男人为你拿来一杯茶，你马上说："啊！谢谢！你怎么知道我正想喝？"

3. 要抓心，先抓胃

中国人的观念向来是"民以食为天"、"吃饭皇帝大"。作为女人，不是有句话说"要想抓住男人的心，先要抓住男人的胃"吗？这句话对很多厨艺不佳的人来说，听起来实在很令人沮丧。其实，真的没关系，手艺平平的你一样可以让你的男人很快乐。

也许你听对方讲过，"妈妈的味道"如何令对方怀念不已；或者你自己也在对方家吃过一道对方最喜欢的菜，甚至，那道让对方迷恋的大菜是在某家餐馆里吃到的。首先，你要做的是虚心地向对方的母亲（或厨师）请教食谱；其次，你不妨请半天假，把材料买齐，用"做实验"一样的心情，慢慢地做做看。

可能第一次做得不太成功，不过没关系，重要的是：你的男人看到你这样细心地要安慰对方对某道菜的"乡愁"，也就感动得不得了啦！

4. 送上细心而温馨的体贴

什么时候你最需要一杯热茶或热咖啡？

工作了一天，刚刚进门，身心俱疲的时候；受了一些挫折，心情不太好的时候；不为什么，只是想一个人静一静的时候……如果你在这种时刻需要握一杯热茶（咖啡）在手中，那么对方一定也喜欢这样。

不要等对方开口，你就为对方端来一杯热茶（咖啡），然后离开，让对方独处。如果对方在卧房或书房，那就帮对方轻轻地把门带上。

这种贴心的照顾，不是最爱对方的人怎么做得到呢？

茶的浓淡、咖啡要不要加糖或伴侣，大概是你最能掌握的吧！此时切忌絮絮叨叨地问对方"要茶还是咖啡？""咖啡要加糖吗？""要不要伴侣？""你要喝什么茶？香片？乌龙？绿茶？普洱？铁观音？"疲惫的人或心绪不佳的人，实在没有多余的心力管这么多。你就照平常的方式做好了。那杯茶（咖啡）的内容如何其实并不重要，重要的是它所象征的体贴和关怀啊！

5. 制造美丽的意外

你知道对方每天的路径吗？什么地方是对方可能经过或出现的地方呢？公司唯一的电梯口？对方习惯泊车的那个停车场？公交车站牌？等等。

如果你有把握，大概几点钟，对方会在哪个地方出现，你便可以偶尔给对方这种惊喜——好好地策划一番，和对方不期而遇，把自己当成礼物，"送"到对方面前。

你甚至可以玩这样的游戏：快下班时在对方公司附近的街角打电话给对方，但别告诉对方你在哪里，最好让对方误以为你在家里。等对方走出公司，赫然发现你在对方面前，那种惊喜是很戏剧性的。

不过，这种游戏大概只能够玩一次，太经常，对方就没有这么好"骗"，也没这么惊喜了。而且，这种惊喜不一定要安排在生日那天，可以只是两个人想出去吃顿饭、独处一下的时候，甚至也可以是"哪里都不想去，只想一起结伴回家"的时候。

同样的惊喜也可以安排在飞机场、火车站。你没有说要去接对方，却突然出现，对方一定非常感动。

6. 给予关怀与激励

现代社会中，随生活节奏的加快，人们日益感到困惑和苦闷。即使是男性，他的心理负荷也会愈加沉重。人们需要通过各种方式和渠道发泄心中的郁闷，以缓解紧张的情绪，寻求安慰和支持。抱怨便是其中的一种方式。

对生活缺乏应有的信心的人有如沙滩上的泊船，灰暗而毫无生气。奥地利诗人里尔克有句名言："挺住，意味着一切。"清醒而冷静地面对生活，远离焦躁和沮丧的人，其生命已进入一种境界。这需要长时间的历练。

爱情不是盆景，精致而脆弱。它是一株实实在在的树，狂风袭来时人们需要它粗壮的枝干来依靠；赤日当头时，人们需要它的浓荫来做庇护。你应该提醒对方认识到自身对爱情应负的责任，而责任恰恰能成为动力。

给对方关怀的同时别忘了激励，这样才能使他不断暗淡下去的生活得以重现光芒，爱情的天空才能晴朗，爱的翅膀才能"在不可言状的幸福中栖落"。

7. 永远谈情说爱

婚姻需要同样的用心。也就是必须下定决心与你的伴侣谈一辈子恋爱。亲密关系想要长久，就必须一周至少有一次"约会夜"。在"约会夜"里，夫妻无论如何要单独相处在一起。每隔三个月，至少要有一次是两个人共度周末。接下来就是一年计划一个假期。有人会说，这对有钱有闲又没有孩子的人，是个好主意，可是"我"的情况不同。不错，这很难。但是，必须把这个"假期"作为未来生活的一项投资。假使现在不肯"投资"为自己的家庭维护一份稳定的亲密关系，日后很可能得花上更多的金钱和时间，才能弥补心中那份不安全的感觉。对于双职生涯的夫妇而言，金钱不是最大的难题，主要是牺牲亲子时间可能引起的自责和内疚，特别是在已经觉得对子女疏于照顾的情况下。可是别忘了，夫妻愈恩爱，婚姻关系愈坚固，子女才会愈幸福。父母给孩子最重的礼物莫过于一个和睦的家庭。度一次假的费用与婚姻"生病"，或是离婚的代价是无法比拟的。

让你的婚姻持久保鲜

美好的婚姻生活需要两个人共同来营造，摒弃老旧陈腐的生活习惯，引入清新的生活方式，不断在陈旧的爱情中添加新鲜感。这样，你的婚姻就会如一个刚刚采摘的鲜果，芳香诱人。

结婚后，夫妻双方往往会发现这"两人世界"其实并没有想象中的那么浪漫，不仅平淡如水，而且有时还烦琐得吓人，时间长了毫无激情，甚至有的婚姻早早地触礁了。

一杯美酒放久了，会失去它的醇香；一盘美食，放久了，也会失去它的鲜美。爱情就如同这美酒、美食，再甜美的爱情不知道保鲜，也会让人失掉品尝的兴趣。

想让你的爱情永远新鲜，充满激情吗？送你一个"爱情保鲜配方"吧！

1.矜持庄重

妻子保持婚前恋爱季节时的矜持与庄重，尽量保持自己美好的形象是十分重要的。然而不少女性在恋爱时很淑女，婚后却不太注重形象，大大咧咧、咋咋呼呼、毫无忌讳的，误以为生米已煮成了熟饭，自己已进了婚姻的保险箱，全不知这样后果堪虞。有位男士曾发出这样的感慨："我发现妻子结婚前后判若两人，不禁顿生上当受骗之感。"其实他的妻子并不是有意欺骗他，只不过是缺乏将女性贤淑的涵养坚持到底的毅力罢了，但她如此伤透丈夫的心，怎么可能拥有幸福美满的婚姻呢？

2.若即若离

夫妻间保持若即若离的距离，即结婚了也保持恋爱时双方的相对独立性和自由度，可大大提高相互的吸引力。这种距离可分为两种：一种是有形的，另一种是无形的。前者是指夫妻在时间和空间上的间歇性暂时分离，后者是指夫妻在充分信任的基础上尊重对方的隐私权，不干涉对方正常的社交活动，给对方充分的合理的社交自由。俗话说："小别胜新婚。"夫妻间保持适当的距离，可获事半功倍的呵护婚姻的效应，可避免夫妻间因长期耳鬓厮磨而产生矛盾与厌倦。

3.幽默、诙谐

幽默、风趣、诙谐、笑口常开，不但可以使自己显得有朝气、有活力和更富魅力，还可以"化干戈为玉帛"，增强家庭的凝聚力。有一对已过了银婚的夫妻，两口子都很幽默，妻子见年近半百的丈夫长得很瘦，给他取了个绰号叫"木乃伊",丈夫亲昵地戏称腹部发福的妻子为"小袋鼠",他俩常常说说笑笑,情同初恋,其浪漫羡煞旁人。

4. 温柔撒娇

妻子适度撒娇,丈夫不但不会生厌,还会萌生怜爱之意。可以说,在丈夫的面前,妻子的娇气与年龄无关,女人无论年龄多大,永远都可以是丈夫的娇妻。在夫妻意见相左或闹别扭时,妻子适度撒娇常可收到意想不到的"偃旗息鼓"的效果,丈夫因怜爱、迁就而做出让步,夫妻矛盾烟消云散的例子屡见不鲜。因此有人说,妻子撒娇是调解夫妻矛盾的"缓冲剂"。但有一点是必须注意的,那就是撒娇时一定要注意适度,切莫将"娇滴滴"演绎成"刁蛮"。

5. 神秘浪漫

妻子时不时给丈夫来点儿"罗曼蒂克"的小把戏,适度给丈夫一点儿小悬念,可有效地引起丈夫好奇与吸引丈夫注意。一般情况下,爱情的小"陷阱"能创造意外的惊喜,能营造婚姻的浪漫气息。再说,妻子保持少女时那种"犹抱琵琶半遮面"的害羞与含蓄,还可给丈夫遐想的空间,让丈夫不时如雾里看花,这种朦胧美可使妻子更富有魅力。

尾声：学会享受你的生活

美国诗人惠特曼说："人生的目的除了去享受人生外，还有什么呢?"

林语堂也持同样看法，他说："我总以为生活的目的即是生活的真享受……是一种人生的自然态度。"生活本是丰富多彩的，除了工作、学习、赚钱、求名，还有许许多多美好的东西值得我们去享受：可口的饭菜，温馨的家庭生活，蓝天白云，花红草绿，飞溅的瀑布，浩瀚的大海，雪山与草原，大自然的形形色色，包括遥远的星系，久远的化石……

此外还有诗歌、音乐、沉思、友情、谈天、读书、体育运动、喜庆的节日……

甚至工作和学习本身也可以成为享受，如果我们不是太急功近利，不是单单为着一己的利益，我们的辛苦劳作也会变成一种乐趣。

让我们把眼光从"图功名"、"治生产"上稍稍挪开，去关注一下上帝加于我们生命、生活中的这些美好。

据说恺撒与亚历山大就是在战事最繁忙的时候，仍然充分享受自然的、正当的生活乐趣。他们认为，享受生活乐趣是自己正常的活动，而战事才是非常的活动。文艺复兴时期，法国著名思想家蒙田认为，他们持这种看法是明智的。"这不是要使精神松懈，而是使之增强，因为要让激烈的活动、艰苦的思索服从于日常生活习惯，那是需要有极大的勇气的。"蒙田提出："我们的责任是调整我们的生活习惯，而不是去编书；是使我们的举止井然有序，而不是去打仗、去扩张领地。我们最豪迈、最光荣的事业乃是生活得写意，一切其他事情——执政、致富、建造产业，充其量也只不过是这一事业的点缀和从属品。"

努力地工作和学习，创造财富，发展经济，这当然是正经的事。享受生活，必须有一定的物质基础。只有衣食无忧，才能谈得上文化和艺术。饿着肚子，是无法去细细欣赏山灵水秀的，更别说是寻觅诗意。所以，人类要努力劳作。但劳作本身不是人生的目的，人生的目的是"生活得惬意"。一方面勤奋工作，一方面使生活充满乐趣，这才是和谐的人生。

我们说享受生活，不是说要去花天酒地，也不是要去过懒汉的生活，吃了睡，睡了吃。如果这样"享受生活"，那才叫糟蹋生活。享受生活，是要努力去丰富生活的内容，努力去提升生活的质量。愉快地工作，也愉快地休闲。散步、登山、滑雪、垂钓，或是坐在草地或海滩上晒太阳。在做这一切时，使杂务中断，使烦忧消散，使灵性回归，使亲伦重现。用乔治·吉辛的话说，这是过一种"灵魂修养的生活"。

爱因斯坦刻苦地攀登科学高峰，他也没忘了时时拉拉小提琴，让心灵沉浸在美妙的音乐里。毛泽东一生戎马倥偬，日理万机，仍会忙里偷闲，去江河游泳，和大自然亲近。陈毅国务繁忙，却总要抽空下下围棋，领域黑白世界的妙趣。到了星期天，许多人由于积习使然，丧失了享受自由的能力，不知道怎样才能高高兴兴把这一个休闲日子打发掉。这一天，就是那些郊游的人也不见得能过得多么舒服。我们会工作，会学习，但还不会真正享受生活，而这对于我们来说，是人生的一大遗憾。学会享受生活吧，真正去领会生活的诗意、生活的无穷乐趣，这样我们工作起来，学习起来，也就会感到更有意义。